"文化旅游:绍兴故事新编"丛书

绍兴名桥

朱文斌　何俊杰　主编

余晓栋　丁晓洋　张书娟　副主编

浙江工商大学出版社
ZHEJIANG GONGSHANG UNIVERSITY PRESS
·杭州·

图书在版编目（CIP）数据

绍兴名桥 / 朱文斌，何俊杰主编. — 杭州：浙江
工商大学出版社，2023.3
（"文化旅游：绍兴故事新编"丛书；3）
ISBN 978-7-5178-4814-1

Ⅰ.①绍… Ⅱ.①朱… ②何… Ⅲ.①古建筑—桥—
介绍—绍兴 Ⅳ.①K928.78

中国版本图书馆CIP数据核字（2022）第010062号

绍兴名桥

SHAOXING MING QIAO

朱文斌　何俊杰　主编

出 品 人	郑英龙
策划编辑	任晓燕
责任编辑	任晓燕
责任校对	张春琴
封面设计	屈　皓　马圣燕
责任印制	包建辉
出版发行	浙江工商大学出版社
	（杭州市教工路198号　邮政编码310012）
	（E-mail：zjgsupress@163.com）
	（网址：http://www.zjgsupress.com）
	电话：0571-88904980，88831806（传真）
排　　版	杭州彩地电脑图文有限公司
印　　刷	杭州宏雅印刷有限公司
开　　本	880 mm×1230 mm　1/32
印　　张	44
字　　数	460千
版 印 次	2023年3月第1版　2023年3月第1次印刷
书　　号	ISBN 978-7-5178-4814-1
定　　价	228.00元（全9册）

序言

　　文旅融合、重塑城市文化体系，核心是激活、转化、创新文化资源与文旅产业，形成色彩斑斓、各具特色、生动活泼的文化旅游大格局，而讲好绍兴故事、传播好绍兴声音必然意义非凡。

　　由浙江越秀外国语学院、浙江传媒学院组织编纂的这套"文化旅游：绍兴故事新编"，是面向广大青少年和游客的系列普及丛书。书中通过民间故事、历史逸事、神话传说等角度取材编写，系统地向大家介绍了与绍兴有关的越中名人、历史文化、名川大山、江河湖泊、千年古桥、黄酒、越茶名寺、古镇古村、名楼名阁等九大方面故事，从

多种维度书写了绍兴城市独特的历史芳华，浓缩了古越大地的千年文脉意象，使之成了为广大青少年和来绍兴的游客解码绍兴城市历史文脉的一把钥匙和引领他们漫溯古越文化的一艘时光乌篷。

丛书中的故事通俗易懂、情节跌宕起伏、语言优美生动，既有历史的维度，又有文化的内涵，每个专题在用多个故事还原绍兴历史文化的同时，对绍兴大地的风物、地

貌、人文、历史等方面都进行了故事性的直观描述和清晰解读。在这本书里，绍兴已不仅仅是一个停留在人们头脑里的地域性存在和耳朵中听闻的故事叙述的空间，而是变成了一个向广大青少年和游客诠释、展示和输送绍兴整座城市精神、气质、品格的重要平台。我想，这部丛书的出版对于广大青少年和游客应该可以产生三个层面的积极影响：

一是使广大年轻人更加了解绍兴故事和感知绍兴文化。丛书中大量吸引人、感染人的故事情节和故事事实，可以使年轻人更加了解素称"文物之邦、鱼米之乡"的绍兴是"山有金木鸟兽之殷，水有鱼盐珠蚌之饶，物有种养工贸之丰，城有山水人文之绝"的；同时使年轻人更加深刻地感知到灵光四射的越中历史文化，体悟到延绵不绝的绍兴人文思想，并让这种深厚的历史文化与风土人情形成持续的吸引力与影响力，熏陶、浸润和教化一批又一批的年轻人。

二是使广大年轻人更加热爱绍兴故事和敬仰绍兴文化。

让广大年轻人在了解绍兴故事和感知绍兴文化的基础上，更加充分地了解到，在绍兴这片古老的大地上，一万年前就有于越先民繁衍生息，中华民族的人文始祖在这里开天辟地，灿若星辰的先贤名士在这里挥洒才情；感知到，从越国都城到秦汉名郡，从魏晋风流到隋唐诗路，从南宋驻跸到明清士都，从民国峻骨到新中国名城，绍兴先民在古越大地演绎了荡气回肠的侠骨柔情和续写了延绵不断的千年文脉，使年轻人发自肺腑地生出热爱绍兴故事的人文情怀和敬仰绍兴文脉的文化凝聚力。

三是使广大年轻人积极传播绍兴故事和弘扬绍兴文化。当广大年轻人对绍兴故事和绍兴文化产生强烈的人文情怀和较强的文化敬仰之情时，他们就会自然而然地将绍兴文化中的人文精髓植入并内化到自己的生活、学习之中，并会自觉向更多的人讲述他们眼中的绍兴故事、文化特色和人文情怀，并能够积极地将那种跨越时空、超越国度、富有魅力并具有当代价值的绍兴文化精神自觉地传播和弘扬开来，从而在故事的讲述中延续绍兴传统历史文化的价值体系，使绍兴独特的历史文脉传承有序，长盛不衰。

实现上述三个层面的效果就是我们广大文旅工作者和教育工作者为广大青少年朋友讲好绍兴故事的应有之义和必然选择，我想这也应是浙江越秀外国语学院组织编纂"文化旅游：绍兴故事新编"这套丛书的题中真意和初衷本意了。

讲好绍兴故事，首先要让年轻朋友们融入绍兴情景并产生感动。就让我们在这套丛书的故事中陪同大家品读和感受绍兴的江南意涵与万年气象吧。

何俊杰

（中共绍兴市委宣传部副部长、市文化广电旅游局局长）

2019 年 11 月 24 日

目。录

1/ 仁爱拜王桥

6/ 玉帝笔架桥

13/ 书圣题扇桥

19/ 国瑞宝珠桥

26/ 家国八字桥

33/ 忠义渡东桥

40/ 衣冠鲤鱼桥

47/ 定情春波桥

52/ 断情张马桥

59/ 相遇惠兰桥

66/ 衣钵北海桥

71/ 城隍太平桥

76/ 将军落马桥

81/ 五世永宁桥

86/ 仙子彩仙桥

91/ 义举五显桥

95/ 七夕大庆桥

100/ 拔茅迎仙桥

105/ 子微落马桥

110/ 小将吉安桥

115/ 相约访友桥

120/ 礼让新官桥

125/ 仙境望仙桥

130/ 合建继善桥

135/ 报恩金兰桥

140/ 唐王九狮桥

146/ 孟尝孟闸桥

151/ 王者炼剑桥

156/ 和睦祥麟桥

仁爱拜王桥

　　拜王桥，位于绍兴城内府山直街南端。嘉泰《会稽志》载："拜王桥在狮子街，旧传以为吴越武肃王平董昌之乱后，郡人拜谒于此，桥故以为名。"这座充满

沧桑岁月的古桥，在"万桥之乡"留下了属于它的一份独特记忆。此刻，就让我们一起去揭开它神秘的面纱吧！

唐大中六年（852），钱镠出生时，天空突现红光。钱镠相貌奇丑，父亲钱宽以为不祥，欲弃之于屋后井中，因祖母怜惜，钱镠方得保全性命。祖母告诫钱镠，为人一定要善良仁爱，且要在国家危难时挺身而出，保护人民。钱镠自幼学武，擅长射箭、舞槊，对图谶、纬书等也有所涉猎。唐乾符二年（875），钱镠时年二十四岁，应募投军。

唐乾宁二年（895），董昌趁着中央权力大不如前，在越州自立为帝，国号大越罗平，改元顺天。董昌自立为帝后便自高自大，残暴治民。

唐乾宁三年（896），唐昭宗削除董昌官爵，又封钱镠为浙江东道招讨使、彭城郡王，令其讨伐董昌。

钱镠在讨伐董昌时，对自己的士兵下军令说："百姓就是我们的衣食父母，你们不可以抢夺百姓的粮食、财物，如果在路上遇到需要帮助的人要热心帮忙。"每当钱镠的军队在两浙经过时，百姓总会带上自己的食物上前迎接他们，并喊着："活菩萨来了！我们的救星来了！"

有一次，钱镠的军队前往绍兴城，在城郊的一座小石桥前，准备上桥时正好遇到要从对面上桥的百姓。钱镠下令喊停，并走到桥头，喊道："各位父老乡亲，你们先走吧！有带大件物什的、带小孩老人的都让我们士兵帮忙。"

于是钱镠的士兵有的帮忙背老人，有的帮忙搬东西，整个场面十分壮观。当所有村民过了桥之后，钱镠还将他自己的军饷分发给百姓，说："让大家受苦

了，我一定会早日平定叛乱，让大家过上安定的生活。"百姓们感动得泪如雨下，都跪在桥头磕头谢恩。

钱镠不仅对黎民百姓慈爱，对从董昌军队中俘虏来的士兵也十分仁慈。他没有侮辱俘虏士兵，更没有对其严刑拷打，而是进行妥善安置。许多士兵对他产生了敬佩之情，便归顺于他，他的军队不断壮大。

自从归顺钱镠后，来自董昌军队的士兵走在街上不再受到百姓的指指点点，有时甚至还会收到百姓送来的东西。但令他们更惊讶的事情是，每当百姓走到那座小石桥头时，都会停下来磕头！

钱镠对百姓和士兵仁慈宽容，随着战争的进行钱镠名声大震。

钱镠讨伐董昌的第二年，董昌被俘。董昌在被押赴杭州途中，投西小江自杀。钱镠因立功被加封为镇东军节度使。

当钱镠大军凯旋途经绍兴城郊那座石桥时，所有的百姓排列在桥的两侧，对骑着骏马的钱镠行叩拜之礼。之后，越地施行钱镠的保境安民政策，经济繁荣，国泰民安。他逐渐占据以杭州为首的两浙十三州，先后被中原王朝封为越王、吴王、吴越王、吴越国王，成为五代十国时期吴越国的创建者。

为了纪念当初越地人民在那座迎接他凯旋的石桥上拜他为王一事，钱镠便将这座桥赐名为拜王桥。

如今，拜王桥仍在古香古色的府山直街南端默默守护着一千年前一代王者的传奇。拜王桥的石级、石栏和桥两岸的石板路经受了千年风雨，已被打磨得拥有了江南特有的柔美神韵。钱镠英勇善战且仁爱天下的君王之风，成就坚硬石桥的美名，也成了绍兴的一道风景。

玉帝笔架桥

在绍兴市越城区内有一条南北走向的笔飞弄，在这条长弄堂朝北的尽头右转，有一座笔架桥。笔架桥不仅历史悠久，还有一个与书圣王羲之有关的有趣故事。

据传东晋时，王羲之凭借《兰亭集序》成了赫赫有名的书法家。他当时正住在绍兴城内。很多人都想得到他写的字。但是王羲之为人小心谨，慎又不喜欢炫耀自己的书法，所以不轻易赠字给别人。

可是谁也没想到，王羲之写《兰亭集序》的事竟然传到天宫去了。玉帝想到大殿的正门上方正好缺一块写有"凌霄宝殿"四字的牌匾，于是便把让王羲之题字的任务交给了吕洞宾。

此后，吕洞宾几次下凡，设法向王羲之讨要"凌霄宝殿"几个字，可是都被王羲之拒绝了。吕洞宾无法完成任务，于是玉帝召集八仙商讨此事，最终他们认为此事只能智取，于是玉帝派出铁拐李配合吕洞宾完成任务。

二仙下凡后，铁拐李化身成一位五十多岁的老者，吕洞宾则化身成十岁的小男孩，两人在王羲之住处附近住了下来。他们知道王羲之爱鹅，于是也养起了鹅。这群鹅只只长得漂亮，而且叫声响亮，惹人喜爱。

有一次，王羲之应好友邀请去下棋。他刚出门，就听见不远处传来一阵响亮的鹅叫声，循声望去，便发现一户人家有一群漂亮的大鹅正大摇大摆地走来走去。院中有一老者正在浇花，旁边还有一小孩在练书法。

老者看见了王羲之立刻邀请他进来："是王大人吧，老汉我姓刘，我们是刚搬来的。那个在练字的是我的孙子。"说着他又叫来了孙子："霄丰，快过来叫王爷爷。"

霄丰道："王爷爷好，您快进来坐坐吧！"

王羲之道："今天还有事就不坐了，等下次有空再过来坐。"于是他告别了老者和老者的孙子，赴约去了。

后来王羲之因为喜欢鹅，又觉得这爷孙俩好相处，就成了爷孙俩住处的常客。

一天，他到爷孙俩的住处拜访，刚进门霄丰就嚷着："王爷爷，您教我写字，好吗？"王羲之也想指导一下想学书法的孩子。于是他就拿起了毛笔说道："写什么字好呢？要不就写你的名字吧。"

他就在纸上写下了"小丰"两个字。霄丰看着那两个字却摇头道："王爷爷，是'冲云霄'的'霄'。"王羲之明白自己写错了，就挥手写下"霄丰"两个字。

王羲之离开后，重新变成铁拐李和吕洞宾的二仙高兴得手舞足蹈，终于得到了"凌霄宝殿"中的一个字——"霄"。

又有一次，王羲之到老者家下棋，他进入院子

的时候，霄丰正在摆棋子。见王羲之到来，刘老就让霄丰去煮茶。霄丰偷偷把一封信放在了棋盘下，然后匆匆煮茶去了。

王羲之和刘老对弈，下得不亦乐乎。

煮好茶后，霄丰将茶水放在一旁就练字去了。王羲之摆着棋子，刘老为王羲之倒茶，结果茶水倒到了棋盘下的信封上，信封湿了一大片。

刘老说道："哎呀，信封上的字都被茶水浇糊了。这信可是我找摆信摊的赵先生写的，马上要寄出去的。"

看刘老一脸难色，王羲之说道："还好这信里的内容没糊，信纸晒晒就好，这信封就让我重新帮你写一下吧。"

霄丰赶紧把毛笔和新的信封交给了王羲之，等王羲之写好收信人"刘殿卿"的名字和地址，霄丰赶紧把信封收了起来。

等王羲之走后，铁拐李和吕洞宾不约而同地笑了，终于又得到了一个"殿"字。

又是一天，王羲之从朋友家回来，看见爷孙俩的院子门半掩着，就走了进去。刘老正在浇花剪草。

王羲之也是个对种花养草感兴趣的人，看见刘老这里如此多的花，不禁向他问了一些花的名字。

刘老一一细心回答，有的叫"万年青"，有的叫"宝石花"，也有的叫"凌波仙子"，还有的叫……

霄丰边听边写下这些花的名字，然后对王羲之说道："王爷爷，您帮我看看，这些花的名字是这样写的吗？"

王羲之仔细一看，发现霄丰写的花名中有两个别字，他就拿起笔将霄丰写的"林波仙子"中的"林"改成了"凌"，又准备将"包石花"的"包"

改成"宝",这时他突然感到一丝奇怪,但还是写了下来。

刘老看出了他脸色的变化,赶紧将写好的字收了起来。不一会儿,两人就分别重新变成铁拐李和吕洞宾,并且微笑着向他挥手飞走了。

王羲之知道自己被骗了,气得将笔狠狠一抛,没想到笔却飞了起来。王羲之赶紧去追,却发现它越飞越远。笔穿过了长弄堂,在河上变成了一座石桥,如同笔搁在了笔架上,后来这座由笔变成的石桥就被称为"笔架桥"。

一支笔化为一座石桥,历经了漫长的岁月,见证了王羲之在中国书法历史长河中留下的精彩,守护着河两岸人民的平安,也向过路的人讲述着一个关于玉帝求字的传奇故事。

书圣题扇桥

　　题扇桥位于绍兴城区蕺山街，嘉泰《会稽志》记载，题扇桥始建于宋朝嘉泰以前。现桥在道光八年重修。该桥桥拱为纵联分节并列砌筑，弧形桥栏较为少见。

书圣"赠人墨宝"的佳话发生在这座桥上,直到如今,他助人为乐的故事仍在当地流传。

《晋书·王羲之传》记载:"尝在蕺山见一老姥持六角竹扇卖之,羲之书其扇各为五字,姥初有愠色,因谓姥曰:'但言是王右军书,以求百钱邪。'姥如其言,人竞买之。"从此,该桥改名为"题扇桥"。

相传在晋代,一位卖扇子的阿婆住在离城区较远的农村里。她唯一的儿子外出当兵,留下他的妻儿与父母同住。阿婆的丈夫为了养活一大家子,天天在从地主那里租来的土地上汗流浃背地劳作。阿婆不忍心看自己的丈夫那么辛苦,便想做点什么补贴家用来减轻他的负担。

一天晚上,阿婆让自己心灵手巧的媳妇做了十几把六角扇。这些六角扇十分精致美观。第二天阿婆到市集卖扇子，可是赶集的人都是粗俗的农夫，他们不仅不买阿婆的扇子，还议论她一个女人不在家里好好待着，反倒出门做生意。

等到市集快结束的时候，在阿婆旁边卖小孩子喜欢玩意儿的大叔对阿婆说："你这扇子在这里是卖不出去的。王右军大人的宅府是文人来往最多的地方，我劝你到离他住处不远的那座桥上叫卖。"阿婆心想："我不妨去试试看，或许今天还能卖出一两把扇子。"

阿婆在那里守了几日，虽然桥上行人很多，偶尔有几个路过的人停下来问阿婆扇子的价格，可听阿婆说一把扇子要卖五文，便纷纷摇头说价格太贵，走了。

一日正午，毒辣的阳光烤着路上的行人，石板散发的热气让走在上面的人好似在热锅上煎烤。阿

婆热得满脸通红，扇子仍无人问津，阿婆想着再过一刻就回家算了。

此时有个身高八尺、神情潇洒的青年走上石桥。阿婆赶紧说："年轻人，要买把扇子吗？这扇子全是我媳妇自己做的，挑的都是最好的材料。我看你风度翩翩，肯定不是普通人，拜托买把扇子吧，就当救济我们普通老百姓了。"

原来，这位年轻人就是王羲之。那日，他正打算去拜访好友，看着满身是汗的阿婆，他不忍心拒绝，可是一想到就算自己买上一把扇子，阿婆其他的扇子还是卖不出去。于是，他想"授之以鱼，不如授之以渔"，就打算用自己的一己之力帮阿婆卖出所有的扇子，便在阿婆的扇子上都题了字。

不识字的阿婆看着自己干干净净的扇子都被写上了黑乎乎的字，很不高兴，感觉自己的扇子都被眼前这个看起来英俊潇洒的纨绔子弟毁了。

"你只要对来买扇子的人说这是王右军题的字，每把扇子一百文，一文都不能少。"王羲之对阿婆说完便转身离去。

阿婆半信半疑地看着王羲之的背影出神，此时一个路人停下来问阿婆扇子的价钱。

"一百文。"

"这扇子的做工看起来也不是十分精致，却卖如此高的价钱……""不过这字却十分好，像极了王大人的字，是值一百文的。"

"这正是王大人的字。"阿婆说，"他怜悯我是个可怜的妇人，便在我的扇子上题字，你看这墨迹还没干呢。"

"啊，一百文，我买！我今天身上的银钱只够买一把，阿婆，你明天再来这里卖。我会来等你的。"

没有见过那么多钱的阿婆拿起一百文的银两兴奋地回家了。第二天,还没到那石桥,便依稀看到石桥上挤满了人。阿婆刚刚走到,便有此起彼伏的叫声,人们纷纷希望阿婆把扇子卖给自己。阿婆的扇子一售而空,甚至后来还卖到了五百文一把。

后来阿婆去世,不再出现在这座桥上。大家为了纪念王羲之帮助阿婆的故事,便把这座桥取名为"题扇桥"。

如今,题扇桥两边的桥栏被层层叠叠的绿色植物盖住,整座桥像是被绿色丝绒笔袋护住的毛笔。绍兴的水土总是这样在不经意间,把古城养护得不惧岁月。石斑点点的桥头立着王羲之为阿婆题扇场景的雕像,想起了那天书圣在这里挥洒下的点点墨香……

国瑞宝珠桥

　　宝珠桥在绍兴城西的龙山后街、府山的东侧。宝珠桥呈东西走向，桥长33.75米，拱高6.50米，它是绍兴现存桥梁中桥拱最高的七折边形单孔石拱桥。

　　相传在绍兴的张家村西头有一位叫张世昌的学士，他学识渊博，为人友善。他常常亲自给那些想要学习的穷人家孩子讲学，所以他的家里经常会有很多孩子。

　　有一天，天上下起了大雨。张世昌看着屋外的倾盆大雨，又看看空荡荡的屋子，叹了口气，自言自语道："唉，外面下着这么大的雨，估计今天那几个孩子不会来了。"

　　外面的雨声越来越大，张世昌隐约听见了孩子的呼喊声，可是他并没有看见孩子的身影。就在着急无措时，一个全身湿漉漉的孩子跑进了张世昌的院子。

　　那个孩子着急地说道："张先生，不好了，今天早上，我们几个人约好到您这里来，结果有三个人过河的时候掉进河里了。有几个汉子刚好路过，他们叫我来告诉您，然后他们就跳到河里去救人了，您快去看看吧！"

张世昌听了孩子的话，顾不得大雨，就急忙往河边跑去。他们刚到河边，就看到几个汉子每个人肩膀上都扛着一个浑身湿淋淋的孩子。孩子们一个个都被救了上来，大口吐着水。看到这些孩子都安全了，张世昌这才舒了口气，但他看着那翻腾的河水，仍心有余悸。

那些落水的孩子都被张世昌暂时安置在他的家里。

等这些孩子慢慢醒过来，他才向孩子们问道："孩子，你们怎么会落水呀？"

其中一个孩子答道："我们的家都在河对面，平时河里的水不深，我们都是涉水过河的，没想到这回河里的水变得那么迅猛。"

张世昌继续问道："这么大的雨，你们怎么还来我这儿呀？"

另一个孩子说道："我们没有钱上学，在先生这儿可以免费学到知识，所以我们都很想来听先生讲学。先生，你放心，以后我们一定会注意安全的。"

张世昌听了孩子们的话，他想到那条汹涌的河，心中暗想："看来河上需要造一座桥了。"

第二天，他思前想后还是给好友刘伯温写了封信，信中表示他年事已高，希望在有生之年能和刘伯温再见一面。

刘伯温收到信后，心中暗想这几年跟着朱元璋南征北战，有生之年怕是很难与张世昌再见面了。可没想到刚好朱元璋屯兵休整，朱元璋想趁此机会去拜访贤能之士，于是向刘伯温询问附近有哪些仁人贤士。刘伯温就向朱元璋推荐了张世昌。

一天，朱元璋和刘伯温骑着马去拜访张世昌，他们到了河边便向孩子们打听张世昌的住处。孩子们将他们领到了张世昌的住处。但朱元璋和刘伯温并未看见张世昌出门迎接。所幸朱元璋知道有才能的人一般都比较清高自傲，所以他也没有生气。

朱元璋看见张世昌坐在屋子里看书，于是走进屋子里对着张世昌说道："先生真是一个好学之人。"

张世昌说道："我看书不过是打发时间罢了，像朱将军这样的人，才是真正的有用之人。"

刘伯温在一旁说道："张兄太谦虚了，只要你能为朱将军献上安邦定国之计，就能够造福百姓。"

张世昌一听，让他们二人坐下来慢慢聊。

朱元璋说道："先生，我看这里良田无数，这里的百姓一定安居乐业吧？"

张世昌答道："将军，这里的百姓一心一意专注

在他们的一亩三分地上，因此田地都没有荒废。所以百姓是可以教育的，只要将军愿意下决心，还怕不能够安邦定国吗？"

朱元璋点头道："先生说得是。"

就这样三人聊了很久才停下，朱元璋感到收获颇多，于是他从腰间的袋子里取出一颗宝珠道："与先生聊天，收获颇多，先生的一席话真是价值千金，这宝珠，我暂作谢礼，表达我的感激之情。"

张世昌想拒绝，可朱元璋接着说道："先生莫拒绝，贤才胜过宝珠，良策也胜过宝珠。况且先生是为百姓献计，造福百姓，我这是为百姓谢先生。"

张世昌这才收下了宝珠。随后，朱元璋和刘伯温便因军中有急事走了。

张世昌心想："本是因造桥之事才叫刘伯温来，没想到收了这宝珠，既然收了它，那便用这宝珠来造桥吧。"

于是张世昌卖了宝珠，换来钱财，在那河上造了座石桥。当石桥造成后，他为了纪念朱元璋所赠之宝珠，便将这石桥取名为"宝珠桥"。

宝珠何其珍贵，但它抵不上朱元璋的深深惜才之情，也远远比不上名士张世昌的造福百姓之心。宝珠取之于民，宝珠桥用之于民。一颗宝珠换来一座宝桥，发挥了它最大的价值，这才是真正的至宝。

家国八字桥

　　八字桥位于绍兴城区八字桥直街东端，处于广宁桥、东双桥之间，嘉泰《会稽志》记载，它始建于南宋嘉泰年间。八字桥以石材构建，结构造型奇妙，作为我

国最早的"立交桥",被海内外游客青睐和赞叹。

据传,在北宋宣和末年,有八位年轻的学子乘坐一只乌篷船赴京赶考,途经河网密布的越州府城时,突然风雨大作,接连几个猛烈的浪头拍向乌篷船,乌篷船瞬间翻了,八位年轻的学子都掉进了水中。

附近一家名叫来佑客栈的老板俞来佑听到了河中学子呼喊求救的声音,他立马带着几个伙计朝河边跑去。情况危急,俞来佑和伙计一同跳入河中救人,足足花了半个时辰才将年轻学子一个一个救上了岸。

虽然人已经被救了上来,可是八位学子装银两的包裹仍掉在河中。心善的俞来佑老板,看着还在大哭的八位学子,他们早就被冻得发抖了,于是劝他们在客栈住下,等暴雨停了就派伙计去河里帮学

子们打捞银两。

八位学子就在客栈里住了下来。等到雨一停，俞老板就派伙计将八位学子的包裹打捞了上来，学子们都感激涕零。但没想到八位学子却在第二天都病倒了，在俞老板细心照料之下，八位学子的病情才有所好转。

在他们准备告别俞老板继续赴京赶考时，却传来了一个坏消息，金兵已经越过黄河，包围了汴京，大考也已经暂停。听到这个消息，八位学子的内心都深深受到了触动，不仅大考暂停，就连国家也危在旦夕。现在摆在八位学子面前的只有两条路，一条是收拾好东西回家，另一条就是参军上前线。正所谓"国家兴亡，匹夫有责"。于是八位学子商量后决定参军上前线，每人只带少量银两，将其余的银两都存放在俞来佑老板这里，等大考恢复后再回来拿。

俞老板在他客栈后面的一个储藏间里撬起了一块石板，然后挖了个洞，将装有银两的八个包裹都藏在里面。

送行时，俞老板对八位即将上前线的学子说道："各位，放心吧，我一定会为你们好好保管这些银两的，你们就放心去为国家奋勇杀敌吧，我一定等着你们凯旋，把这些银两再交到你们手上。"

于是八位学子告别了俞老板，一起奔赴战场。

从此以后，俞老板就一直等待着八位学子归来。一年又一年，时间慢慢地过去了，学子们依旧不见踪影，没有一个回来。可坏消息却一个接一个地传来。金兵已经跨过了长江，杭州成了临时的都城，整个国家岌岌可危。

但俞老板依旧期盼着八位学子归来。就这样过

了四十年,俞老板老了,客栈也已经关门。他在疾病与贫困中艰难度日,却依旧执着地期盼学子们归来。

直到有一天,一个老人从路口走来。

老人向路口等待着的俞老板问道:"老人家,您好啊,您是谁啊?在等着谁呢?"

俞老板回答道:"我叫俞来佑,以前是在这里开客栈的,现在人老了,客栈也关了。"

老人眼睛中隐隐闪着泪花,一把抱住了俞老板道:"我是您当年从河里救上来的八个年轻人中的一个,我那几个同行的伙伴都已经在战场上牺牲了,我也是年纪大了才从战场上退了下来。"

两人抱成一团,大声痛哭。

俞老板说道:"我等了你们四十年了!你们当年留下的银子还在,请你拿走吧,也了却我一件心事。"

俞老板领着老人来到客栈的储藏间，两人用力慢慢地撬起那块石板，见到了八个包裹。

老人十分感动，给俞老板磕了八个响头。

老人说道："恩人，这些银两对于我已经不重要了，我想用这些银子在当初您救起我们八个学子的河上建一座桥，纪念我那七个在战场上牺牲的伙伴，还请您帮我完成这个愿望。"

俞老板答应了下来，于是请来一批技艺高超的石匠，大量好心人也来帮忙，没过几年便建好了一座大桥。

老人看着这座大桥，请俞老板为大桥起一个名字。

俞老板说道："当初你们八位学子是要去赴京赶考，后来又勇赴国难。不如就称这座桥为八士

桥吧。"

远远望去,这座桥像是一个"八"字,时间长了人们将"八士桥"叫成了"八字桥"。

八字桥历经千年沧桑,完好无损地保存到今天。至今我们还可以从八位学子舍身为国的故事中感受到读书人的深深爱国之情。谁说读书人是柔弱书生?当国家危难之时,他们也会成为保家卫国的战士。八字桥是读书人家国情怀的最好见证。

忠义渡东桥

　　世界上有千千万万个地方，有的地方
十分令人神往。江南水乡里的桥不仅架在
了缓缓流淌的河流上，更架在了历史的画
卷中，它们将看过的风景和故事显现在斑

驳的石板上，向如今的人娓娓道来。渡东桥的故事就像一首慷慨激昂的歌，几百年来为一代名将——余煌，孤独地唱着。

余煌，字武贞，号公逊，绍兴府会稽县人，明朝天启五年状元。余煌从小就十分好学，他常常废寝忘食地待在书房里看书，还将所有看过的书都标上密密麻麻的注释。在书里，他看到了圣人为人应该耿直不阿、忠贞爱国的告诫……在明朝天启五年的时候，他中了状元，开始在朝廷里做官。

当时自然灾害频发，连岁饥旱，余煌大声疾呼，要求朝廷全部减免灾区的赋税。崇祯十一年，余煌回家乡看望父母，见三江闸年久失修，立即倡议修复。此后他又发现天乐乡田地邻近曹娥江，经常受到潮水的影响，影响农民的生计，他又自告奋勇，出资出力在猫山的山麓边建起水闸，横截江流，启闭有法，使荒凉的滩涂变成了膏腴的良田。当地老百姓非常感激他，在闸上为他立祠。

清代翁洲老民所著的《海东逸史》和清代徐鼒编写的《小腆纪年》记载，在崇祯十七年的时候，明思宗去世，抗清官兵在浙江拥立鲁王政权，定都绍兴。

明思宗去世后，余煌便在家过着平淡的日子：天晴的时候在院子里练武，下雨了便邀上几个好友来家里喝酒吟诗。鲁王知道了才华横溢的余煌如此无所事事之后，便传旨诏令余煌出任礼部右侍郎、户部尚书。但余煌每次都坚决辞谢，让来宣旨的小官十分为难。

后来鲁王又下了第三道诏令，任命余煌为兵部尚书，至此余煌深明大义，勇赴国难，毅然就职，决心为抗清斗争出一把力。

有一天，余煌到宫中与鲁王和众官讨论抗清的事情，当时名望很高的兵部主事黄宗羲说："我们向邻国日本借兵吧，这样既可以减少我们明军的损失，又可以促进和邻国的感情。"

余煌强烈反对，说："我不同意！那小小的倭寇国不仅没有多大的用处，而且倭寇都十分心狠手辣，做事也背信弃义。这极有可能会引狼入室。"众人觉得余煌说得很有道理，便不再争执，讨论起了如何救国的计划。

到了隆武二年六月，浩浩荡荡的清兵进攻到了绍兴。在一个月黑风高的夜晚，清兵包围了绍兴城，士兵举着的火把照亮天空，恍若白天。

在王宫里，余煌和几位大臣正在商议如何逃出绍兴，保住鲁王。"鲁王，微臣将自己身边最英武的武将派在你的身边护你周全。我留下来护住我们绍兴城，若没有成功，我便再无颜面留在这世上。"那天晚上，鲁王在几个贴身侍卫和武将的护送下，装扮成百姓渡海而逃。

鲁王安全离开后，余煌和几位大臣在宫里讨论接下来该如何对抗清军。可在他们议论的时候，前线报信的士兵不断传来清兵用云梯攻上城墙的消息。

其中有一个将军说："既然鲁王都已经离开绍兴城了，我们何不背水一战，保住我们的绍兴城，也保住明朝。"

余煌冷静地分析形势后说："如今清军从北到南已占据了我们的大半领土，何况我们的军队只剩下寥寥几人，肯定打不过骁勇善战的清骑兵，大势已去，何不让军官百姓都留住一条性命呢？这样也是对我朝的一个交代。"

说完，他果断下令大开城门，让军民出城避难。

一时之间，士兵和百姓从偏僻的城门逃离了绍兴城，他们一边跑一边为留在城里坚守的余煌哭泣。

城空之后，他赋绝命诗一首："骥骏自驰，老驹忍逝。止水汨罗，以了吾事。有愧文山，不入柴市。"

他从容地穿好朝服，告诉仆人："我死后，随便弄口棺材，殓以常服，不做佛事，不入乡贤祠，不刻文集，不要墓志，不择地形，只在墓碑上写'明高士余武贞墓'就可以了。"

然后余煌独自出东郭门，到渡东桥边投河，殉国而死。

清代邵廷采《东南纪事》记载，清朝统治者为之震动，规定在进攻绍兴和宁波等地过程中，不能滥杀百姓，并且追谥余煌为忠节。

冰凉无情的河水带走了我们的勇士，但也正是余煌让那一江水变得更有温度和情怀，而那河上的渡东桥正是泱泱华夏历史发展见证者中重要的一员。

衣冠鲤鱼桥

"鲤鱼跳龙门"是中国古代的传说故事，只要鲤鱼跳过龙门，就会化成龙，同时也比喻一个人中举、升官等飞黄腾达之事。中国丰富多彩的文化让人们将希望寄

托在生活的各个角落。

在绍兴有一座宋代石桥，它历经风雨，见证了一代代读书人的酸甜苦辣。"走桥不忘造桥人"，从这座桥上走过的千千万万考生中，有谁还记得那个造桥人呢？

宋代时，绍兴城内的水澄巷里有一座贡院，这座贡院的前面有一条小河，叫西小河。可是这条河上却没有桥，每年到了乡试的时候，来自各个地方的考生都要带着自己的仆人一起赶考。仆人挑着沉沉的书担，考生也只能绕远路而行。有的考生还因此耽误了时间，错过了考试。

那时，有一个富裕的商人住在水澄巷西面的城郊接合部。商人有两个嗜好：一是信佛教，二是爱看戏。当时城里的大善寺门前北侧有一家戏馆，因此商人常常到大善寺烧香拜佛，并约上自己的好友

去戏馆看戏。

一天，商人约好朋友一起去看戏，可是必须在西小河绕远路，所以在路上耽误了时间。到了戏馆，朋友十分生气，对商人说："你五次约我看戏，四次迟到。这样的话，你下次不要约我了！你那么有钱，为何不建座桥，省得耽误你看戏，也造福了我们这些小老百姓。"

隔天早上，商人觉得朋友的话很有道理，便在西小河的河边散步，想着怎么筹备建桥的人手，忽然喧闹的声音打断了他的思绪："那里发生了什么事呢？"商人向着拥挤的人群走去。原来，是衙门里的衙役过来贴了一张告示：由于西小河的交通极不便利，历年都有考生错过考试，影响了朝廷选拔人才。衙门准备在西小河上建一座桥，赶在明年的乡试前完成，所以向乡民募捐。

老百姓都叫苦连天地喊"没钱"，摇头走开……

商人到衙门说明他愿意捐钱建桥，并会全心全力地监工，赶在明年乡试之前完工。不久，商人就找来了当地所有手艺高超的造桥工匠，商人一边和工匠们搞设计、绘图纸、订方案，一边派专人购买石材，搬运建桥的其他材料。

在商人亲自监督下，造桥工程进行得热火朝天。可是奇怪的事发生了：每次白天建好的桥墩过了一个晚上，第二天总会塌了。大家都感到十分诧异，为这事，商人茶饭不思，就连夜里都不能好好睡觉，生怕这件事影响了造桥的进度。

商人将人手分成两队：一队继续到石料厂采买石材，顺便打听同一石料厂的石头在别的地方造桥有没有问题；另一队日夜守在河边，观察桥的状况。当天晚上，一名工匠在仔细观察桥墩基

石时，竟意外发现一大群鲤鱼正在用嘴啄啃着桥墩的基石和周围的烂泥，紧接着桥墩就慢慢地坍塌了。

原因找到了，应该怎么解决呢？其中一个有资历的老工匠说："既然是鲤鱼在作怪，那么我们就做一个大鲤鱼把它们镇住。"商人说："事到如今，那就试一试吧，你们继续准备建桥的事情，我这就去找铜匠订制一条大鲤鱼。"

…………

没几天，商人订制的铜鲤鱼就被运到了施工现场，工匠们便七手八脚地在河底挖了一个大坑，然后将铜鲤鱼埋了进去。当他们把铜鲤鱼埋下去的时候，河泥里突然出现了一大堆五彩斑斓的鲤鱼，它们围着铜鲤鱼转了几圈之后，便消失得无影无踪，大家看到这样的场景后瞠目结舌。说来也怪，自从埋下铜鲤鱼之后，重新建的桥墩就没有再出现坍塌的情况，并且非常坚固。

解决了这个大问题之后，施工进度大大加快，这座桥终于在第二年乡试之前竣工。

此桥不仅东西桥脚的引桥很长，而且南北两边的桥栏石及其间的石柱上还雕刻着鱼鳞状的花纹。

为了纪念这座桥施工中出现的"鲤鱼事件"，并为了祝贡院的考生都能"鲤鱼跳龙门"，商人便把这座桥取名为"鲤鱼桥"。

商人建了这座桥后，这座贡院里上榜的考生比之前多了很多。许多家里有考生的人因此会慕名提前来这里祭拜，更有甚者，会带着孕妇来走一走鲤鱼桥，希望孩子长大后，高中状元。

漫长的岁月中，鲤鱼桥承载了无数"三更灯火五更鸡"早起读书人的脚步；听见了无数考生"五

经勤向窗前读"的琅琅书声；看见了无数坚信"书中自有颜如玉"书生窗前的点点烛光。

定情春波桥

　　绍兴城内鲁迅中路的南边，有一座石拱桥，此桥原先正北处有一座禹迹寺，故被称为"罗汉桥"，后来又被改称为"春波桥"。春波桥的南边就是春波弄。说到

这春波桥就不得不提到南宋诗人陆游了。

陆游是我国著名的大诗人，自小便生活在绍兴，他与表妹唐琬青梅竹马，从小一起长大。

有一天，陆游带着唐琬去禹迹寺拜佛，希望菩萨保佑自己高中状元，光耀门楣。当他们上完香拜完佛后，便来到离禹迹寺不远的一座石桥游玩。他们早就听说过罗汉桥这里风景十分优美，却从没有来过。

陆游刚到石桥便看到了桥身上刻的几个字，指着那几个字对唐琬说道："琬妹，你看这'罗汉桥'几个字，听说当初在这条河上并没有桥，而来往烧香拜佛的香客很多，每次他们来禹迹寺总要绕上一段路，极为不便。于是寺院的方丈就建了这座石桥，这桥的名字还是方丈起的。"

唐琬一边认真听着陆游的介绍，一边欣赏着这座玲珑小巧的石砌拱桥，看着甚是喜欢。恰巧这天来往的路人不多，他们就这样独享着小桥的幽静美景。

陆游和唐琬站在桥上俯身望着河中欢快戏水的可爱鱼儿，感到颇具趣味。于是，陆游起身从桥边不远处的人家那里要来了一些饭团，分给了唐琬一些。陆游说道："琬妹，你看那些鱼儿多可爱，不如我们给它们喂一些米饭吧。"

说着陆游就扯下了一小块饭团朝河中一抛，河中的鱼儿瞬间朝着饭粒的方向游去。唐琬见状也朝河中抛去饭粒。河中一群又一群鱼儿朝着米粒的方向游去，甚是好看，陆游和唐琬在桥上欣赏游鱼，十分开心。

直到黄昏来临，金色的夕阳洒在了河面，河中的游鱼闪闪发光。阳光也洒在了唐琬的脸上，唐琬

在这一刻美丽极了。陆游在一旁看呆了，慢慢从怀里拿出了一支钗。

他羞红着脸对唐琬说道："琬妹，这支钗是我母亲给我的，她让我亲手把它交给我心爱的人，我一直带在身上。我觉得现在我找到心爱的人了，能让我为你戴上吗？"

唐琬没有说话，点点头，又害羞地低下了头。陆游看到唐琬答应了自己，露出了灿烂的笑容，亲手为她戴上了这支凤头钗。

陆游和唐琬两人相互倚靠，在黄昏中，在小桥上，定下了情。

后来这两个有情人成了婚，但陆母担心儿子沉溺于爱情而荒废学业，于是将两人活活拆散，陆游被迫休了唐琬。

唐琬思念成疾，抑郁而终，独留陆游一人在思念中度过每个漫漫长夜。

几十年后，已是老翁的陆游再登禹迹寺，遥望着对面的沈园，感触颇深。他走出禹迹寺，来到了罗汉桥，用手摩挲着石桥，回想起当年他和唐婉一起在石桥上投食喂鱼的时光，可惜物是人非。

悲伤顿时涌上心头，他随即写下了《沈园·其一》：

城上斜阳画角哀，沈园非复旧池台。

伤心桥下春波绿，曾是惊鸿照影来。

不久，这首诗就在民间流传开来，人们为了纪念陆游与表妹唐婉凄美的爱情，于是取诗中"春波"二字，将石桥改名为"春波桥"，也有人称其为"伤心桥"。这春波桥的名字也伴随着陆游与唐婉的凄美爱情故事一直流传到今天。

断情张马桥

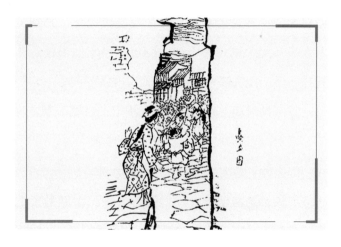

　　张马桥在绍兴城内鲁迅中路的南侧，它具有悠久的历史。提到这张马桥的由来，就不得不提到一个故事。

　　相传西汉时有一个叫朱买臣的寒士，

由于家境贫困，朱买臣与妻子崔氏来到绍兴城投奔亲戚。虽然生活依旧清贫，但朱买臣苦中作乐，只要一有空闲就会静下心来读书，从不懈怠。

每天朱买臣一大早就会去山中砍柴，累了就坐下看一会儿书，中午的时候吃过饭就进城卖柴补贴家用，到了下午就在家里埋头读书。

有一天他照常去山中砍柴，将装有午饭的饭篮挂在了一棵树上，然后他就去使劲砍柴了。到了中午，他却发现饭篮里飞出了一群乌蜂，这些乌蜂的身上沾满了饭粒。

朱买臣想到了自己曾经饿肚子的经历，起了同情之心，没有阻止乌蜂取饭。等乌蜂都离开了，饭篮里的米饭已经所剩无几。从此以后，朱买臣依旧把装饭的饭篮挂在那棵树上，不仅如此，他还特意将饭篮装得满满的。

日复一日，年复一年。朱买臣和那些乌蜂就有了感情，只要朱买臣上山砍柴，乌蜂们就会飞过来。

虽然朱买臣愿意苦中作乐，可是他的妻子崔氏无法忍受。她每天都和朱买臣吵架，一旦吵起来就必定会逼着朱买臣写休书，朱买臣能躲则躲。

有一天，朱买臣刚卖完柴回来，崔氏又要和他吵架。

崔氏骂道："你这个书呆子，就知道看书。你看这么多书有什么用？能赚到钱吗？"

朱买臣说道："娘子，我看书就是为了日后能赚大钱。"

崔氏冷嘲道："就你还能赚大钱？都半百的人了，头发都白了。我说你还是放过我吧，我还年轻，你就让我走吧。"

朱买臣道："娘子，你何必这样，虽然现在过得辛苦，可我以后一定会让你过上好日子的。"

崔氏再次冷嘲道："省省吧你，除非太阳从西边出来，否则就凭你过好日子？一辈子也别想赚大钱。"

朱买臣很生气，指着崔氏说道："没想到做了这么久的夫妻，你竟然把我看扁。好，好，好，你要走我就让你走，你以后千万不要后悔。"

崔氏说道："绝不后悔！"

朱买臣知道崔氏铁了心不想和自己过日子了，于是心一横，写了份休书，交给了崔氏。

崔氏离开朱买臣后，马上嫁给了一个石匠。石匠原本生意兴隆，可是不知道怎么回事，自从娶了崔氏，生意一落千丈。石匠无奈改做了泥水匠。一次他给人修屋顶，脚一滑，从屋顶掉下来后一命呜呼。

　　而朱买臣依旧上山砍柴，就这样又过了三年。一天，他同往常一样把饭篮挂在了树上，却发现乌蜂没来。这以后，乌蜂再也没有来过，朱买臣感到孤寂难受。

　　就在他难受的时候，这群乌蜂飞到了京城汉武帝的宫殿，它们在汉武帝的大殿内筑了巢。

　　汉武帝上朝就会看到这个大乌蜂巢，可是乌蜂巢太高怎么也弄不下来，无奈之下，汉武帝只好下旨重赏能取走乌蜂巢的人。

　　朱买臣听说了这件事，怀疑那是自己以前喂养的乌蜂，于是就进宫取蜂巢。他一进宫，发现那群乌蜂果然是自己以前喂养过的乌蜂，便很快就解决了乌蜂的事。汉武帝很是高兴，问他要什么，他回答说想要参加科举考试的机会。汉武帝本就想留住这个人才，于是欣然答应。

后来他因成绩优异，被汉武帝封为会稽太守。

崔氏听说朱买臣成了会稽太守，觉得朱买臣一定会念旧日情分，于是她每天都在一座桥上张望，期盼着朱买臣归来。

日子一天天过去，终于她等来了朱买臣骑马归来，街道两旁满是围观的路人。朱买臣骑着高头大马从街上走过，风光无比，他刚到桥边，崔氏就挡在了马前。

崔氏说道："买臣，那石匠已经死了，我们可否重归于旧？"

"重归于旧？"朱买臣先是愣了一下，叫人借来河边洗衣人的盆子，并装了盆水端到崔氏面前。崔氏以为是自己的脸脏了，朱买臣想让她洗洗，她正想伸手接水的时候，朱买臣却将水在马前泼了一地。

"当初你嫌弃我，离开我嫁给了石匠，现在又想

重归于旧？就像这水泼出去了，还能收回吗？"

　　崔氏看着眼前的一地水，后悔不已。

　　凡事一步错，就步步错。崔氏在朱买臣不得志时抛弃了他，朱买臣得志归来在桥边断旧情也是早已注定，覆水难收啊。就这样"马前泼水"的故事一直在绍兴民间流传。因崔氏每天在桥上张望，希望看到朱买臣骑马归来，所以，那座桥被叫作张马桥。

相遇惠兰桥

惠兰桥，位于绍兴人民路与解放路交叉口的东侧。它横跨府河，是一座东西走向的石拱桥。因此桥地处十字路口，来往行人络绎不绝，明朝时在绍兴城里，也称

得上是一处较为热闹的地方。说起惠兰桥名字的由来，其中还流传着一个十分动人的爱情故事呢。

当时有个叫惠芳的乡下姑娘，长得十分秀气。她十六七岁年纪，两道细长的眉毛下，有着一对炯炯有神的大眼睛，白皙的脸上藏着两个惹人喜爱的小酒窝，说起话来细声细气的。

惠芳姑娘的母亲在她很小的时候就离开了她，她的父亲在她十八岁的时候忽然生了场大病，一直卧病在床，所以他们家的重担就落在了惠芳的肩上。每到春天、秋天，惠芳总是带着她十三岁的弟弟阿羊到绍兴城里的一座石头桥桥头卖兰花。

惠芳的美貌很快就传遍了大街小巷，因此来桥头买兰花的人总是特别多，有的百姓甚至是专门来一睹惠芳的风姿。

有一天，姐弟俩来到桥边，惠芳叫弟弟看着兰花，自己急忙来到城里大云桥狮子街口的一家中药店，为家中生病的老父亲抓药。这家药店是当时绍兴城里较有名气的老字号药店。

惠芳走进药店，顿时整个药店内飘荡着阵阵幽香，为惠芳抓药的是这家店老板的儿子孙耀祖。这小孙老板生得眉清目秀，英俊潇洒，接待顾客热情和气，言谈举止温文尔雅。

当为惠芳抓药时，他抬头打量了一下这位站在柜台前的陌生姑娘，他猛然发觉面前的这位姑娘竟如此秀丽动人。她头上插着一朵兰花，而她本人，更像兰花一样吐露着芬芳。

孙耀祖不禁有点心猿意马起来，他一边抓药一边偷偷回过头来看看惠芳。取好药后，他将药交到惠芳手中，惠芳付了钱后，提着药，便匆匆离开了药店。

虽是短暂邂逅，但此刻的孙耀祖心中感到若有所失。

因此他让店里的伙计去打听刚才的那位姑娘，伙计出门后很快就把惠芳的全部消息都带了回来。

从此以后，惠芳卖兰花的地方，也就是那座石头桥如同一块吸铁石一直吸引着耀祖。耀祖只要有空，便兴冲冲地去石桥头观兰市、赏兰花，有时还买上几盆名贵的兰花。而惠芳姑娘为了给父亲抓药，每隔三五天，就要到药店跑一趟。一来二往，孙耀祖只要见到她来拿药，便是热情接待，在他的心里，他对惠芳早就"一见钟情"。

半个月后的一天，耀祖左等右等就是不见惠芳来拿药。他寻思许久，决定到石头桥看看惠芳。原来是惠芳的父亲病情加重了，她留在家里照顾父亲，让阿羊独自出来卖兰花。

耀祖趁机问了惠芳的弟弟："小兄弟，你家住在哪里啊？"

"我家住在兰亭花街南侧小山的山脚下，我们每天都到码头坐船进城。"

"这样啊，我知道了，你在这里慢慢卖花吧。"耀祖买了一盆兰花就走了。

第二天一早，耀祖根据前几次惠芳来取药的药方，专门为惠芳的父亲用上好的药材抓了几服药。同时又带上一些水果、糕点，前往兰亭花街去看望惠芳的父亲。到了兰亭花街，耀祖根据阿羊说的位置找到了惠芳家。

"我见你多日没来取药了，不知你父亲的身体如何，因此，冒昧登门来了。"孙耀祖进门就说道。

惠芳看着忽然出现的耀祖，不禁脸颊微微发红。面对眼前的一切，病中的惠芳父亲——赵大伯嘴上

不说，心中却有所领悟。他看着面前站着的男子不仅仪表堂堂，还待人温和，心里还算满意。

一天，耀祖趁惠芳和她的弟弟去石头桥卖兰花，买了些物品独自来到兰亭花街惠芳的家里，直截了当地向赵大伯提出了想娶惠芳为妻的想法。赵大伯同意了这门亲事。

半年后，耀祖风风光光地迎娶了惠芳。

结婚的那天夜里，耀祖向惠芳提出了把她的名字与那座石桥联系起来并取一个桥名的想法。

惠芳听了后问道："那你想取个什么桥名呢？"

"我想把你名字的第一个字，即'惠'字，与你卖兰花于桥头的'兰'字结合起来，取名'惠兰桥'，这桥名实际上隐喻着'会兰'的意思。"

次日，耀祖写好文稿，叫伙计带上银钱来到会稽县衙，向县太爷提交了取桥名所需的文稿和银两。

数天后，耀祖接到批文，立即托人请来了绍兴城里有名的石匠师傅，在那座普通小石桥两侧的桥栏石上，刻上了"惠兰桥"。

人们都向往美丽幸福的爱情，千百年来"窈窕淑女，君子好逑"吟唱着爱情开始的模样；"只愿君心似我心，定不负相思意"刻画了爱情真切的海誓山盟；"执子之手，与子偕老"见证着爱情坚守一生的忠贞。

因此，惠兰桥的爱情故事在绍兴城里不胫而走，让无数人神往。

衣钵北海桥

在布满河道的氤氲江南水乡中，古时，船只和桥梁是将人们连接起来的重要纽带，可不巧的是，一条浩浩荡荡的宽阔河流横亘在绍兴七星街的尽头。因此，每

过一段时间就有百姓向官府提议造桥。可是历代以来官府筹资造桥多次，却都因为急流飞旋冲毁桥墩而告终。

有一年，各村有头有脸的人聚在一起讨论，最后决定让鲁班来建这座桥。鲁班是春秋战国时期的鲁国人，他一生发明了许多木工工具，创新了许多水土工程方面的技术，被称为中国土木工匠的始祖。这位著名的工匠不仅技艺高超，就连师徒之道也经营得令人敬佩。

可是他们几次找鲁班商量造桥的事，鲁班不是推脱就是故意出门避而不见。大家知道鲁班是不会出面主持造桥了，便邀鲁班的大徒弟接下造桥的项目。

鲁班的大徒弟见家里来了这么多有名望的人，心里既开心又紧张。听了乡绅们的夸赞后，鲁班大徒弟十分开心，觉得自己已经和师父不相上下，便

忘记师父曾经说过的不许私自接活的规诫。

鲁班的大徒弟接下了建北海桥的任务后便选择了吉日开工，他指挥石作师傅和大批土工，拦坝筑堤，干得热热闹闹。时间很快流逝，一个月后，北海桥连桥桩都还没有打牢。

遇到这种状况，鲁班的大徒弟着急得像热锅上的蚂蚁，天天废寝忘食地翻阅着造桥的古籍却都没有找到解决问题的方法。他想去请师父帮忙，又觉得自己一定会被师父责罚，很没面子。

最终，鲁班的大徒弟去找师娘帮忙，希望师娘可以帮自己说说好话。师娘带着满是心疼的语气责怪："你这孩子就是容易骄傲自满，这么大的事情都没有和你师父说一声。等会儿你师父回来了，你就躲在这板壁后面，听听他对造这座桥的看法。"

当天晚上，鲁班回到家后，鲁班的妻子故意问鲁班："听说大徒弟正在建北海桥，不知道建得怎么样了。"

鲁班听老婆提起大徒弟，叹了口气道："人家以为我的大徒弟一定能造出这座大桥，可是不知道他知识不广，对他来说造这桥可不简单啊！"

鲁班又叹了口气："我之前一直不肯当着大家的面接下这个工程就是想把建这座桥当成对大徒弟的考验。如果他成功建成了这座桥，那么整个绍兴城的百姓就会对他赞赏有加；如果没有建成，我就对外说是我能力不够。可如今，唉……"鲁班说完就一个人坐在椅子上，不说话了。

鲁班的大徒弟晚上回家后在床上辗转反侧，想到自己违背师规，师父不但没有责罚他，反倒担心自己没有办法解决现在的困难，内心十分愧疚。

第二天一早，鲁班的大徒弟便带着满满的一篮

水果到师父家里赔罪。二徒弟看到师兄不再像以前那样骄傲自满，便将自己之前在师父那里听到的有关北海桥的事情告诉了他："此事我曾听师父说过，这里曾经有古代的七星井沉浸在河底，据说通着北海，这汹涌之水就是从井里冒出来的。"

鲁班的大徒弟听完恍然大悟，不禁觉得自己知识太浅薄了，于是等鲁班出来后，虚心地请教。鲁班也将自己思考了一晚上填井造桥的方法告诉了大徒弟。在师父的帮助下，北海桥顺利完工。

师徒的情谊往往不止于"授之书而习其句读"，还在于"传道授业解惑"。鲁班不只是教徒弟造桥，他也教徒弟为人的道理，真是一位令人尊敬的老师。

如今，站在北海桥的桥头，就能迎来那拂过绍兴古街的风。风中带着被尘封的历史的灰色气息，也带着千年来衣钵相传的师徒真情。

城隍太平桥

太平桥架于诸暨浦阳江之上，它是城中连接浦阳江东西两岸的唯一通道。老城关人一直叫它大桥或浮桥。对于太平桥的来历一直流传着一个故事。

相传，在诸暨的浦阳江上，早先并没有桥，浦阳江两岸百姓来往十分不方便，于是百姓们就想凑钱造桥。

但不知道是什么原因，桥墩一露出水面，不是倒了，就是被水冲走了。因此造了很久，桥一直都没有造起来。

于是老人们就去城隍庙求城隍。

到了晚上，城隍托梦说："诸暨人有脾气，但千万不要欺负乞丐！别看他们身穿破衣裳，脚穿稻草鞋，他们可穿着草鞋走遍天下，说不定他们的鞋缝里夹带金银，有宝贝。"

虽然城隍托梦，但老人们都想不通这和造桥有什么关系。

过了几天，来了七个乞丐。七个人里只有领头的眼睛能看见，其他六个都是盲人。他们依次搭着背连成一串走在街上，格外显眼。这时的天气很冷，可是乞丐们依旧穿着破烂的单衣和草鞋。大家都很同情他们，于是有的就送衣裳给他们穿，还有的给他们饭吃。

但七个乞丐，每天都会沿着浦阳江的堤埂打转，让人觉得奇怪，于是常常有很多人围观他们。

一天，七个乞丐坐在堤埂上晒太阳取暖。过了一会儿，其中一个乞丐脱下一只草鞋，往江中一抛。另一个乞丐也脱下一只草鞋，同样往江中一抛。随后他们就站起来想要走。围观的人看见乞丐抛草鞋的时候，闪过一道金光，立刻想到了城隍托梦的事，便纷纷议论：“说不定他们抛的是金草鞋呢！”

领头的乞丐听到了围观人的议论，停下来说道：“你们可别乱讲，要是真有人去江里捡了，江水这么冷，人会被冻死的。”

另一个乞丐问道："你们是哪里听说的，我们乞丐哪里来的金银？"

一个年轻人回答道："是城隍托梦告诉我们的。"

乞丐说道："你们叫城隍先把自己的屁股洗干净吧！"说完乞丐们就走了。

乞丐们的这句话，让大家苦恼了很久。但还真有那么几个胆子大的，真去了城隍庙看城隍的屁股。不看不知道，一看吓一跳，全城轰动，原来城隍的屁股底下坐着一块大乌金。

人们得到了乌金，于是把七个乞丐越想越神：那草鞋掉落的位置，岂不就是桥墩的位置？于是大家开始重新造桥。最终，桥果真建成了，大家都认为七个乞丐是神仙，其实是城隍派来帮助他们造桥的。

后来，大家都认为既然是城隍托梦帮助建的桥，一定可以保太平，于是就把这座桥称为"太平桥"。

太平桥满载着诸暨儿女对太平盛世的向往，在漫漫的时间长河里一直伫立在浦阳江上，它见证了诸暨的飞速发展，同时默默守护着人们的平安和顺遂。

将军落马桥

　　落马桥，位于诸暨城东的东浣街道丁严王村。它是一座东西向的三孔半圆形石拱桥，全长 12.70 米，面宽 3.68 米。它的中孔两侧的船形桥墩上方各有一座石雕小亭。由清光绪《国朝三修诸暨县志山水志》可知，落马桥又名长官桥或暨阳桥，曾是进出暨阳的重要官道。

相传，文武百官来诸暨县城，经过此桥时，文官必须下轿，武官必须下马，所以称此桥为"落马桥"。

据传，在清朝的时候，有一位姓赵的将军在战场上与敌人作战。他与敌人战斗了几天几夜，在战斗中受了伤，最后因为清兵伤亡惨重和粮草不足，赵将军只能下令撤退。

赵将军带领着所剩不多的士兵一路向后撤退，经过几天几夜的奔逃，身后的追兵才渐渐没了踪影。赵将军这才松了口气，虽然伤口仍然隐隐作痛，所幸的是已经从追兵手中逃脱。当他定下心来，才发现自己和手下来到了一处不知名的地方，这里依山

傍水，风景极为优美。但赵将军此时根本无心欣赏美景，他只顾着带领手下继续赶路。

走了不久，赵将军发现不远处有一个村子，于是派手下前去打探，自己则带着剩下的士兵在原地休整。

不一会儿，前去打探的士兵就带着一个老翁来到赵将军的面前，士兵对着赵将军说道："赵将军，手下将前面村子的村长带来了。"

赵将军对着士兵身旁的老者问道："老人家，这是什么村？你可知从这里出去的官道该怎么走。"

老翁回话道："将军，这是丁严王村，我便是这个村的村长，您只要顺着那座桥过去就可以看见官道了。"

赵将军听了老翁的话，心中一喜，立马就想带领剩下的士兵继续赶路。但老翁似乎猜出了将军的想法，就指着那座石桥对将军说道："将军您有所不知，那座石桥叫长官桥，但它还有一个名字叫落马桥。这落马桥，自古便有一个规矩，就是过此桥，文官下轿，武官下马。"

赵将军顺着老翁手指所指的方向望去，入眼的是一座东西向的三孔半圆形石拱桥，但看上去并没有什么特别的地方，所以对老翁的话并不在意。

老翁接着说道："将军，整支队伍只有您是骑马的，我劝您最好下马过桥。"

赵将军对此不以为然，立马就命令剩余的士兵继续赶路，自己也朝着石桥的方向前去。就在赵将军和士兵们马上要踏上石桥的时候，附近的村民都围了过来，劝将军下马过桥，但赵将军并没有听他们的，执意要骑马过桥。

正当他骑着马来到桥的中部时，马突然狂躁起

来，然后马倒了下来。赵将军没有料到，从马上跌落下来，掉进了河里。士兵和村民纷纷下河去救赵将军。但赵将军由于伤情恶化和受到惊吓，一命呜呼了。

落马桥的传说一直流传至今，这座石桥与这段故事虽已历经沧桑，但依旧让人无法忘记，因为其中饱含着村民们最单纯、最美好的善意。

五世永宁桥

　　永宁桥又称石砩桥，位于诸暨市枫桥镇石砩村。它是一座东西向的三孔半圆形石拱桥。桥全长26米，桥面宽4米，桥东西两边各置22级石台阶。桥板两侧

有刻着"太平江"和"永宁桥"以及"光绪乙巳年"字样的碑额。永宁桥的桥面由石板铺成，在桥面的正中间却留有一块三尺见方的凹地，任由野草生长。

据传，在枫桥镇有两个村子，一个叫石砩村，另一个叫溪东村。从前，两个村子隔河相望，来往只能依靠船只，尤其到了河水高涨时，两个村子的来往极为不便。在光绪乙巳年，石砩村的族长黄驾潮看着村外高涨的河水，他下定决心要为自己的族人们做点事。

于是石砩村的族长黄驾潮乘船去溪东村找到了宣锡林。黄驾潮指着那汹涌的河水，向宣锡林表明了自己的来意。他希望宣锡林能够与他一起为石砩村和溪东村造一座桥，来造福两个村子的村民。黄驾潮没有想到，其实宣锡林早就有这样的想法，两人不谋而合。

黄驾潮和宣锡林分别表达了自己对于造桥这件事的想法，最后他们达成了共识，要造一座石桥，使两村互通方便，给村民们带来福气。接着他们找人将他们对于桥的想法设计成了图纸。他们商定各请一批工匠，在两头各自施工，然后再定期将桥合龙。

等一切都商量妥当，黄驾潮和宣锡林便分头为造桥的事情行动起来。首先他们都请了一批手艺高超的东阳籍工匠，买了最好的石板材料，开始造起石桥来。两村的村民都知道了造桥的事，都纷纷出钱出力，为造桥的事贡献自己的一份力量。

在大家的共同努力下，一座全长 26 米、高 7.6 米、拱高 6.6 米、左右两边各置 22 级石台阶的三孔石拱桥基本建造完成。但在桥面的正中间却有一块

三尺见方的凹地，这并不是造桥过程中的疏漏，而
是特意为之。黄驾潮和宣锡林曾商量想要造一座
"五世桥"，希望由五代祖孙圆满的有福人家来将石
板桥面铺完整，然后再装上两侧扶栏，使之真正成
为有福气的"五世桥"。

在为石桥取名的时候，当时国家正遭受着敌人
的侵略，黄驾潮和宣锡林希望国家、村子和村民都
能永远处于宁静、和平之中，所以将之取名为"永
宁桥"。

但没有想到，这块石板一直没能铺上。百余年
来，永宁桥一如既往地仁立在太平江上，古桥之梦，
一直未圆。直到2017年底，石砩村的黄维赤老人
的曾孙喜得贵子，实现了五世同堂，才最终将石板
铺上，永宁桥真正成了"五世桥"。

永宁桥建造之日，正是我们中华民族灾难深重

之时，它经过百年风雨洗礼，见证了一个世纪的变迁，也见证了国家从积贫积弱到繁荣富强的历程，今天终于迎来了一个"永宁"的盛世。

仙子彩仙桥

　　彩仙桥位于诸暨市枫桥镇南端，它横
跨枫桥江，是来往枫桥江两岸的通道。关
于它的来历一直都流传着一个故事。

　　相传，原本诸暨的枫桥江上没有桥，

老百姓来往都需要靠渡船，非常不方便。后来有一位仙女来凡间游玩，正好路过枫桥，被枫桥迷人的美景所吸引。

她看着碧波荡漾的江面，走到了停在岸边的渡船上，对划渡船的老翁说道："老伯，我可以坐您的船沿江去看看风景吗？"

老翁说道："我这船是专门帮人摆渡过岸的，不好离开这儿，离开了万一有要紧事的人就不能过河到对岸了。"

仙女问道："老伯，这里为啥不造座桥呢？"

老翁叹了口气："这儿水太深了，我们没有那么多钱来造桥。"

仙女看着老翁和这宽广的江面，十分想为百姓造座桥。就在此时有几个人想渡江，他们看见船上的仙女，都痴迷地看着她，竟然连渡江都忘了。

仙女被看得脸都红了，但她的心中突然有了一个筹钱的办法，于是就对老翁说道："老伯，您明天在这里等我，我给您送造桥的钱来！"说完她就匆匆上岸走了。

老翁听了仙女的话，还以为自己听错了，但第二天还是在渡口等她。结果仙女真的来了，她打扮得比昨天还漂亮，走到老翁身旁说起了悄悄话。

老翁听了仙女的话，一跺脚说道："姑娘，这怎么行呢？万一让无赖流氓相中你，那不是害了你一辈子，我怎么向你父母交代？"

原来仙女想了个"抛钱招亲"的法子，来筹钱造桥。

仙女听了老翁的话说道："老伯，您要是真的想造桥，就依我说的，一切后果由我承担。"

老翁造桥心切，只能依仙女的吩咐，他把船划到了江中央，然后用船桨敲打了起来。两岸的人听到响动，纷纷到枫桥江边看热闹，不一会儿就聚集了一大群人。

老翁放开喉咙喊道："各位乡亲父老，我有一个嫡亲外孙女，年方十八，想要招个如意郎君。今天我们就在这渡船上来个'抛钱招亲'，只要谁用银子抛中了我外孙女，那他就是我外孙女的如意郎君。"

两岸的人看到船上的美貌女子都发出了惊呼，公子哥们一个劲抛钱。虽然有些钱被抛到了江中，但大部分抛到了船里，可是让岸上的人奇怪的是，怎么也抛不到女子的身上。等到傍晚，船里的银子都快把船压沉了！

这时，突然从天上掉下一块银子，正好打中了仙女的脸。仙女和周围的人皆一惊。

原来是吕洞宾刚好路过，发现了仙女，于是就

　　同她开了个玩笑。仙女没有办法，只好和他一同飞回了天宫。然后仙女就去玉帝那里告了吕洞宾的状，于是玉帝就罚吕洞宾为百姓在枫桥江上造好桥。后来人们就把这座桥取名为"彩仙桥"。

　　枫桥江上彩仙过，仙去桥留福长存。彩仙桥横跨在枫桥江上，在时光的水流里悠然而立，承载着几代枫桥人的记忆，也为来往的过客默默地守候着。

义举五显桥

　　五显桥位于诸暨市枫桥镇孝义村，又名三义桥。五显桥南北横跨枫川江，全长25米，面宽5米，高9米。原先五显桥是一座三孔半圆形拱和三孔平梁组合桥，现

存的五显桥是两孔拱桥。

相传,在诸暨的枫桥镇,有一条名为枫川的江,它源自万山之中,枫川江的水非常深,常常需要借助船只才能通过。一旦到了大雨天,枫川江的水就会猛涨,江水汹涌,连船只都很难通过,经常造成船翻人亡的惨剧。百姓对此束手无策,一是由于江面宽广而水又十分深,想要造桥极其困难;二是因为想要完成这样一个庞大的工程,必须耗费很多的钱财和人力,所以造桥的事很难实现。

就这样过了很久很久。有一天,骆先、楼绘、陈元璧等人想要乘船横渡枫川江。起初,枫川江江面十分平静,但当小船来到距离江中心不远的地方时,天突然阴沉下来,狂风大作,天上下起了暴雨。枫川江的水猛涨,江面波涛翻滚。小船上的骆先、楼绘、陈元璧等人的处境变得岌岌可危,随时都有落水丧命的危险。

就在这时，一个猛浪袭来，瞬间他们的小船就翻了，几人纷纷落入水中，拼命呼喊求救，所幸最终被人救起，并没有什么大碍。骆先、楼绘、陈元壁等人经过那次落水深刻体会到了枫川江水势的凶猛，他们暗暗发誓要为枫川江附近的百姓做点事情。

时间一晃几十年过去了，骆先、楼绘、陈元壁等人已经年老，他们都成了德高望重的人。但他们从来没有忘记自己曾经许下的誓言，并且认为造桥的时机已经到了，于是他们便一同捐资建桥。周围的百姓听说了他们的义举后深受感动，纷纷响应，出钱出力支持他们建桥。终于，在众人的努力之下，一座三孔半圆形拱和三孔平梁组合桥伫立在了枫川江之上，成了来往两岸的重要途径。百姓为了感激骆先、楼绘、陈元壁三人的造桥义举，将石桥取名

为"三义桥"。

但由于枫川江水势过于凶猛，三义桥在明万历年间轰然倒塌，枫川江周围百姓的生活再次受到影响。枫川江汹涌的江水在三义桥倒塌后再次给百姓的生活带来了极大的不便。正当筹措艰难之时，骆世卿、陈国贤等人挺身而出，将重建石桥的重任担负在了自己的身上，最终他们在枫川江上再一次将石桥重新建起。人们为了表达对骆世卿、陈国贤的感激之情，在"三义"之上再加两人，将桥命名为"五显桥"。

时光悠悠，如今人们早就不再为枫川江的水势所困扰，而五显桥依旧伫立在枫川江上，同时也深深伫立在人们心中。每当人们想起那一代接一代乡绅的义举，心中便会泛起丝丝暖意。

七夕大庆桥

　　"人逢役鹊飞乌夜，桥渡牵牛织女星。"牛郎织女的故事在中国已经流传了许多年，听完他们凄美爱情故事的人无不叹息。被称为"人间鹊桥"的大庆桥，位

于新昌县沙溪镇真诏村。该桥横跨黄泽江上游的真诏溪，气势雄伟，是新昌古桥中最长的石拱桥。

在新昌，沙溪村与董村一水相隔，它们之间的交通全靠横跨真诏溪的一座平桥。两村有联姻的习俗，每年七夕，总有许多年轻男女到桥头与情人相会。

清咸丰十年（1860）春夏相交之际，天空中黑云滚滚，雷电轰鸣，大雨下了七天，暴涨的溪水冲毁了架于两村之间的平桥。两村的村民对于平桥被毁感到十分痛心，但村民们也无可奈何。

光阴似箭，一下子就到了七夕。七夕当晚乡绅俞维乾趁着月色外出散步，当他走到一户人家围墙外时，听到了矮墙里传来女孩子断断续续的抽泣声。

沙溪村的村民安居乐业，况且今天是七夕佳节，怎么会有这么伤心的人呢？紧锁着眉头的俞维乾在墙外徘徊，忽然觉得天上的月亮和星星都被乌云遮住了。

俞维乾踌躇了一会儿，还是轻声向矮墙里的姑娘问道："姑娘，今天是七夕佳节，你为什么哭泣呢？"

"今日是七夕，连牛郎织女都有喜鹊为他们搭桥，让他们相见，我与我的未婚夫却不能见面。"矮墙里传来姑娘的回应。

俞维乾轻轻叹了一口气，想起那座被溪水冲毁的平桥。俞维乾沉默了一会儿，对里面的姑娘说："姑娘，你放心，地上也会搭起鹊桥让有情人相见的。"

俞维乾说完便踏着急促的步伐离开了，他急匆匆地到沙溪村几位德高望重的村民家邀请他们马上到他家商议要事，然后又派人叫来沙溪村富裕的商

人。俞维乾看着客厅中的人已经到齐了，便说起他今晚的所见所闻。

一位姓蒋的商人听完后站起来说："我同意修桥，我出银一万两。"众人也表示同意修桥。

第二天清晨，修桥的告示被贴在闹市上，沙溪村的乡亲都聚集起来，纷纷叫好。

修桥期间，每家每户有一个壮汉帮忙修桥。

寒冬腊月，刺骨的溪水淌过每一个人的脚，人们却仿佛泡在温水中；酷暑烈日下，清凉的溪水带走每个人身上的热气与汗水。

而那些与董村联姻的姑娘则天天轮流为修桥的人送茶水、做点心。她们一日又一日，等待桥的修成，既期待又紧张。

过了一整年，那桥在七月初七正式竣工，当天晚上俞维乾带着家人去看刚修好的桥，结果那桥上人声鼎沸，挤满了一对对相互思念已久的情人，俞维乾看着张灯结彩的桥面和所有人喜笑颜开的模样，便把桥取名为"大庆桥"。

天下有情人终成眷属的祝愿不仅来自内心，还来自像俞维乾这样为乡亲们付出行动的人。为了让我们去见我们想见的人，那些传递我们思念的信纸，那些走过的遥远马路，那些乘坐的车马船，都是我们的鹊桥。

拔茅迎仙桥

　　"弹琴石壁上，翻翻一仙人"，留下仙人美好传说的迎仙桥位于新昌县拔茅镇桃源乡，是新昌至天台古驿道上的主桥。1997年新昌迎仙桥被浙江省人民政府公布

为浙江省文物保护单位。

其实，让迎仙桥传世的，不只有仙人的足迹，更有刘晨、阮肇两人赤诚的心。

东汉永平年间（58—75），刘晨和阮肇被一位德高望重的郎中收为徒弟，他们从小就在师父身边长大，为了学好师父传授给他们的医术，无论酷暑还是寒冬都会在院子里研究古书里提到的药材。

时间一天又一天地飞逝，刘晨和阮肇长大成人之后也都成了名医，并离开了师父。

可是岁月不只会让人长大，也会让人变老。皱纹慢慢爬满老郎中的脸，背篓渐渐压弯老郎中的腰。直到有一年冬天，老郎中病倒了。刘晨和阮肇十分着急，他们觉得老郎中病得古怪，为了医好老郎中，他们又搬回老郎中的家里，一边照顾生病的老郎中，一边翻阅古医书寻找治病的药材。

　　深秋的夜霜薄薄地铺在瓦上，月光中反射着银白的光亮。老郎中看两个徒弟在院子里忙碌着，双手冻得通红，便把他们叫到屋里："天台山上有一种可治百病的灵药，你们若真的有心，就去采来。若那药还是治不了我的病，那就是天命了。"

　　刘晨和阮肇知道有可以救老郎中的药材后，决定无论上山的路有多么艰险，他们都要为老郎中找到药。第二天，阳光还未透过暗蓝的云层，只在天边出现了一丝光线，他们便背起背篓，往天台山去了。

　　到了新昌至天台的古驿道时，一条河流阻挡住了他们的路。山谷间流水"哗——哗——"的声音划破安静，孤独地回荡着……

　　忽然，山林间的雾气大了起来，一下子笼罩住了眼前的场景，只剩白茫茫的一片。当两人正一筹莫展时，烟雾中走出来一个穿着飘飘白衣的仙子，她问两人："这里人烟稀少，你们这是要去哪里？"

刘晨和阮肇被眼前的场景吓到，便说出他们要为师父采药治病，因此途经此地。仙子被他们的诚心感动，便跟他们说："若是你们愿意跟我一起修仙，我就把救老郎中的药材给你们，这样你们不仅可以免受上山采药的艰辛，还可以不用忍受凡人的生老病死。"

刘晨和阮肇知道如果他们留在山中修炼仙道，就可以像仙子一样自由自在，也可以不用忍受凡间的病痛和艰苦。可是那样的话，他们就得离开老郎中，并从此不能再为大家治病。

刘晨对仙子说道："虽然人人都想成仙，但是我们不想放下师父还有那些本该被我们救治的病人，如果我们为了成为仙人而抛弃他们，那我们还有什

么资格做仙人呢？"

"是啊，若是没有经历艰苦反而靠牺牲其他人得到药材，那还能叫灵药吗？"阮肇道。

仙子听了他们两人的话，背过身去，消失在烟雾中。刘晨和阮肇看着烟雾随着仙子渐渐散去后，河上竟然留下了一座桥。两人看到眼前神奇的一幕欣喜若狂，十分感谢仙子的帮助。过了桥，两人顺利上山找到了灵药。后来，这桥便取名为"迎仙桥"。

世上本没有仙人，但总有一些人为了更多人在默默承担着沉重的责任，使得人间不像炼狱，因此他们就是仙人，人间也才是天堂。

子微落马桥

落马桥又称司马悔桥，位于新昌县城南班竹村边，桥旁建有司马庙，是通向天台古道的主要桥梁之一。嘉泰《会稽志》云："旧传唐司马子微隐天台，被征至此

而悔，因以为名。"

唐玄宗李隆基在位时，有个叫司马承祯（字子微）的道士。他天赋异禀，少年时聪慧好学，但对仕途看得很淡，所以在二十岁的时候他就游遍了各地名山，后来隐居在天台山中的玉霄峰，自称"白云子""白云道士"。

一天，武则天在上朝的时候见大臣们都在交头接耳，武则天正要大怒。

"臣听说，有个叫司马子微的道士，学识渊博，如果能被我朝重用的话，一定可以让国运更加昌盛。"宰相站出来上奏。

武则天听了很感兴趣，说："我要见见司马子微道士。"

司马子微收到武后的圣旨后便从天台山起身赴京，他在路上看到卖妻儿的贫苦百姓便拿出银两给他们，并告诉他们各个时节应该栽种的农作物。一路上，司马子微经过的地方都天气晴朗，天空中的团团白云，把大地都映得十分明亮。

半个月后，武后在皇宫见到了风尘仆仆而来的司马子微，她听闻了司马子微在进京路上的所作所为，十分敬佩他，想留他在京为官。可是，司马子微在皇宫中住了一段时间便回天台山了。司马子微离京的时候，武后派大臣李峤为他饯行，李峤与随行的大臣们送司马子微至新昌通往天台古道的石桥后就全部下马，不再进山。

景云二年（711），睿宗也想见见司马子微，司马子微进宫后，与皇帝日夜讨论阴阳术数并告诉皇帝许多治国之道。几个月后，司马子微再次辞掉官职，准备归隐天台山。睿宗知道留不住他，赐给他一张宝琴和一顶霞纹帐，还派了朝中一百多位大臣

为他送行。浩浩荡荡的队伍到达石桥前，大臣们全部下马，望着"白云道士"消失在山林之中。

唐开元九年（721），玄宗广集天下的贤才能者为他所用。他听闻"白云道士"两次进京，却没有留在京中，觉得十分惋惜，就暗暗下决心要把他留下。

司马子微第三次奉旨入京后，玄宗将他安排在皇宫中最豪华气派的屋子里，房间里金碧辉煌，柜子里摆满了各种珍宝，还有许多人服侍他。

司马子微在皇宫里过着荣华富贵的生活，但他仍十分想念在山林中与白云相伴的日子。一年后，司马子微跟玄宗提出想要回天台山的想法。

玄宗对司马子微说："这一年来，你过的都是和我一样的生活，这已经是件无比荣耀的事情了。如今你又要回天台山，难道你觉得这样的待遇还不够吗？"

"并不是这样的，而是我早已习惯了在山林中的生活，在那里有我向往的白云青山。"

玄宗知道留不住司马子微，便赋诗为他送行。

唐开元十五年（727），司马子微又奉旨入京。司马子微回到天台山后按照玄宗的意思住在王屋山中（皇家为他建造，玄宗亲自题匾额的阳台观）。玄宗为了让司马子微更好地悟道，在山中又建了一座司马庙。

后来，人们要入山入庙都需在之前朝中官员下马辞别司马子微的石桥处下马，步行前进。落马桥之名，由此而来。

小将吉安桥

岁月无情,历史动荡;人生苦短,前路未知。有人一生中虽有诸多江湖恩怨,但也能"一笑泯恩仇";有人一生顺风顺水,却"人生在世不称意"。

其实不只有人会遭受不幸，世间的万事万物都会有处于逆境的时候。位于新昌县小将镇结溪乡旧坞村的南北向单孔半圆形石拱桥——吉安桥，高大雄伟，是浙江省现存最大的单孔石拱桥之一。但在吴志槐、吴孝珍出资募建之前，它也只是一座屡遭洪水毁坏的小板桥。

民国时期，结溪乡旧坞村的吴家是小将镇的大户人家。吴志忠和吴志槐两兄弟从小就勤奋好学，并且常常邀请村里因家贫无法上学的小伙伴免费到家里私塾一起上课。

两人长大以后，哥哥吴志忠留在家中管理家里的各种事务，弟弟吴志槐则到外地去深造。在科考中举之后，吴志槐与吴孝珍相识相恋。时间又过去了一年，吴志槐带着吴孝珍回家。

当两人到宁海县将赴新昌的时候，发现前面道

路的板桥已被毁，他们若想回新昌，就必须多走两天的路才能到对岸。当两人愁眉不展时，有位船夫摇着摆渡船从对岸缓缓驶来。

"你们两个年轻人是要过河吗？"船夫的声音从河中央传来。

"是的，大伯。我们要过河。"吴志槐扯着嗓子喊道。

在渡河的过程中，吴志槐了解到：自己不在的这几年里，这条河上的板桥每次刚建好不到半年就会被冲垮。

吴志槐带吴孝珍回到家后，他无心管理家里的各种事务，总是在思考着如何在新昌通往宁海的河上造出一座坚固的桥梁。

吴志忠告诉他："那条河水流湍急，且那桥多用于运重货，一来二往，桥坏得很快。"

吴志槐听了哥哥的话说道:"既然那桥多是运重货,就该建一座可以承重的石拱桥。我略懂一些建筑知识,就让我来为桥做设计吧!"

从那日起,吴志槐便废寝忘食地设计方案,吴孝珍则开始为建桥募捐。她挨家挨户地向大家宣传建桥,并鼓励大家"有钱出钱,有力出力"。

一个月后,吴志槐想出了完美的解决方案,吴孝珍也筹集到了一部分建桥的钱,同时说服全镇每家出一名壮汉当建桥的义工。

建桥工程持续了两年,终于,一座气势宏伟的石拱桥建成了。

为了纪念对建桥做出贡献的每个人,吴志槐将所有乐善好施的人的姓名都刻在石碑上。直至今日,吉安桥桥北的一座路亭里的建桥碑上仍能见到一部分人的名字。

　　一生有限，岁月无限。每一个人只能在历史中停留一段时光，若不能日日顺意，何不"安时歌吉祥"？

相约访友桥

　　在嵊州新山乡白宅墅村，有一座全长
11米，高4.2米，跨径5.3米的石拱桥。
它南北向跨无名小溪，名叫访友桥。

　　清道光《嵊县志》记载："访友桥，在

县西贵门上梅墅，朱晦翁（即朱熹）访吕规叔遇于桥上，故名。"清同治《嵊县志》、民国《嵊县志》均有类似记载。

宋朝著名的理学家朱熹在南康担任知军的时候，提出了许多治国理念，但都得不到采纳。得不到重用的朱熹心中很不平，一心想找一个志同道合的人和他探讨治国理念。

这时候的嵊县处在旱灾中，朱熹受命前往嵊县赈灾。朱熹之前就从吕祖谦口中听说过嵊县的吕大棋，也与吕大棋素有书信往来，却苦于没能相见，便一直想要去拜访他。

吕大棋，字规叔，原籍安徽寿春，曾担任梧州教授、监察御史、河南府推官。因为娶嵊州的过氏为妻，致仕后迁居鹿门，是南宋著名的理学家。他在嵊县白宅墅建屋生活，并创办了鹿门书院。

朱熹在一个晴朗的早晨出发了，一路上他一直在想着自己的治国理念，迫不及待地想见到吕大棋，好和他探讨一二。可从南康到嵊县有着很长的距离，一连过了好几天朱熹也没能到达。

在马车上的朱熹觉得度日如年，满心都想和朋友相见探讨问题，路上有许许多多绝美风景，他也无暇欣赏，一直觉得马车速度太慢：怎么还没有到呢？

古时候的交通十分不便，朱熹离开南康，一路前行，过了好多天，才来到嵊县。

而吕大棋此时正在家中写字，知道朱熹要来嵊县的消息，却不知道朱熹到底何时能到达。吕大棋算了算时间，觉得朱熹应该就是这几天会到达，便放下笔，走到村口去看看。

刚到村口的桥上，吕大棋就看见一位仪表堂堂

的男子向他走来，虽没见过朱熹，但凭直觉，他觉得此人就是朱熹。两个人在桥上寒暄，果然如此。不期而遇，很是欣喜。朱熹终于见到了心仪已久的吕规叔，干脆就和他在桥上欣赏起了周围的景色。

当时的嵊县虽然正遭受旱灾，但此时灾情并没有影响到吕规叔所在的白宅墅村，那里山清水秀，桥下溪水淙淙，边上还有小泉发出叮咚声，宛如环佩声。

一路上的舟车劳顿被这样的景色洗刷得一干二净。看着此景，朱熹不禁问道："这泉水可曾命名？"

吕规叔摇了摇头，说："这是一眼无名泉。"他看了看朱熹的神色，想到朱熹学富五车，便让朱熹取一个名。

这正合了朱熹的意。他略加思索，看见溪水汩汩，泉水叮咚，说："就叫'漱玉泉'吧。"说着，他又命令身边的人拿出一支笔，在泉边的石头上写下了"石泉漱玉"几个字。

因为朱熹和吕规叔在这座桥上相遇，所以桥被命名为"访友桥"，它始建于南宋淳熙九年（1182），如今我们所见的访友桥是清光绪十九年（1893）重修的。

古桥历经沧桑，却依然静卧在溪水之上，向我们诉说着两位友人的一段佳话。

礼让新官桥

在嵊州西部的一个小村庄里，有一座桥是用村名来命名的，那就是新官桥村里的新官桥。原先的新官桥村是一个无名小山村，村里有一条小溪，溪水在村边蜿

蜓而过。溪上有座木桥，但总是被洪水冲毁，使村里的人来往很不方便。村中的人们便出钱造了一座石桥。

石桥竣工的那天，村里不论男女老少，都来到桥头看热闹。这时候，桥的两边响起了吵闹的声音。人们一看，一边是新上任的县官要过桥，另一边是坐着红轿子的新娘要过桥。可是桥的宽度不够两顶轿子一起过，这可怎么办呢？

两边都赶时间，都希望自己能先过桥，一时间僵持不下。村里的人没办法，只好让他们停下来商量商量，让谁先过去。

一个衙役带着他特有的威风，怒气冲冲地走上前，双手叉着腰，冲着新娘子的花轿喊道："我们县官老爷是新官上任，当然是我们先过。如果你们先过去了，百姓还会听县官的话吗？"

"我们新娘子这一辈子只走这一遭，当然要我们先过桥！"新娘这边的人不甘示弱地喊回去。

衙役听到对方这样回话，觉得这些人真是不可理喻，便怒气冲冲地向县官禀告。县官心想：我今天第一天上任，这地方的百姓就给了我一个下马威，若是我让他们先过了桥，岂不是人人都能在我的头上撒野，这地方的百姓又有谁会听我的呢？想到这里，县官便板着脸，下了轿子，想要好好说道说道这些乡民。

围观的人们看见县官脸色铁青地下了轿，心知他定是不肯让行，要和新娘子起冲突。有一个好心的老人家，怕两边吵起来，慌忙走到新娘子的轿边，准备劝劝这位新娘子。

这时，轿内响起了一个娇滴滴的声音。"且慢，"新娘子掀开轿帘，向老人缓缓行了个礼，说道，"老先生，麻烦您替我向县老爷传几句话。今日是县官老爷头一天上任，我理应让他先行。但是倘若他为官清廉正直，又爱护百姓，将来有许许多多个升官上任的机会，又何必急于这一时呢？而我不同，我此生这样的日子，只有今日这一次。县老爷饱读诗书，应该是知道今天该让谁先行的。"

老人见新娘如此彬彬有礼，将先过桥的理由说得令人心服口服，心中感到敬佩，于是赶忙将新娘的话如实告诉了县官。

县官想：这只是一个村妇，却聪明伶俐，能够将人说得心服口服。相比之下显得自己的气量太小。她不但希望自己成亲的日子有一个好的开端，也为我未来的仕途求了一个好彩头。如果这样还不让新娘先行，未免有些不近人情。

想到这里，县官让衙役退到两边，自己也站在

一旁，恭敬地等待新娘的轿子过桥，并抱拳向她庆贺。

因为这件事，这座桥便被人称为"新官桥"，村子被称作新官桥村。县官和新娘之间的美好传说流传至今，告诉我们做人要学会礼让。

仙境望仙桥

　　每个地方都有着独特的神话传说，这些传说汇聚成了独特的地方风情。在绍兴嵊州，也有这么一座桥，它位于嵊州三界镇崿浦村，因为周围风景独特，所以此桥

被称作"望仙桥"。

望仙桥，有着属于自己的独特传说。

相传，嵊山、嵊山原先属于同一座山。人们在这座山下生活，过着自然随性的日子。在这座山上有一座孤峰，很少有禽鸟会到那儿去，人们也无法找到通往那里的路。有一些采药者上山采药，偶尔看见过一条小小的通向孤峰的路。但是当他们再去寻找的时候，路却消失了，再也无法找到。人们都说那里是仙境，到达那里就可以飞升成仙。

这里气候温和，晴朗的日子居多，但不知从什么时候开始下起了雨。起先人们还没有感觉，照旧劳作着，但雨接连下了好几个月，由一开始的小雨，渐渐变成了倾盆大雨，人们出行都变得十分困难。

渐渐地，有人从外面带来了消息，各个地方都闹水灾了，洪水到处都是，但是没人能够阻止洪水漫延。百姓开始恐慌，他们害怕有一天洪水漫溢到这里。

无法出门，人们放弃了劳作，开始在家中囤粮食，每天祈福保佑，渴望天晴。

雨还是一直下着。百姓们看着田地渐渐被水淹没，水慢慢地没过门槛，心中的慌乱一天天加重。老人不停地向上天祈福，小孩在一旁不停地哭泣。

有一天，村外来了一位男子。他说他叫禹，是过来帮助他们的。

"下雨是天定，你又能帮什么？"村民对他万分不信任，想将他赶出村子。

禹说："我想了一个办法，只要我们能够把山凿开，就能止住洪水。"把山凿开？村里的人都震惊了，这是多么异想天开的事情！村民们对他的怀疑更加重了。

但是禹不气不恼，他拿着锄头，开始一点一点地挖山。一天，两天……渐渐地，不论雨下得有多大，他都一直在挖山，没有一天停下。村民们看着他，都有些动摇。

"反正在这待着也是等死，出去挖山又有什么不好？说不定还能救自己一命呢。"一个人说着，扛起了自家的锄头跟上了禹。村里的人面面相觑，一些男人也回家拿了锄头，跟了上去。村中有力气的人们都加入了挖山的队伍。

天上的神明被他们的精神打动，将山分成了两半：一半叫作嵊山，一半叫作嵊山。清晨人们起来的时候，没有看见熟悉的雨水，而是看见了两座分开的大山。

这一天，天晴了。人们欣喜万分，想着终于能够躲避洪水了。这时，传来一声巨响，洪水从远方的山脉上倾泻而下，眼看马上就要到达村子。人群中爆发出一阵惊叫。但洪水却突然停住了，原来是嵋山和嵊山挡住了它。

人们大喜过望，将这里称为"仙境"，又在上面建造了一座桥，称为"望仙桥"。

望仙桥的美丽传说，除了赞美它所在地方的优美风景，还体现了古代人们的勤劳能干，告诉我们做事情只要认真总能成功的道理。

合建继善桥

继善桥,又叫作官碑头洞桥,位于嵊州的贵门乡里南王家村。它旁边镌刻着"民国六年丁巳冬""众姓建,子云书"等字,桥拱上刻着"继善桥"三个字,大气

美观。

继善桥是一座由两个人共同建造的桥，关于桥的建成，流传着一个故事。

据说在以前，这里只有一座木桥，在汛期溪水暴涨的时候，经常有险情，洪水甚至会冲垮木桥。这样的桥，百姓走上去提心吊胆，生怕哪天它被大水冲走。

蒋喜林、蒋耀林两个人看到这座常被毁坏的木桥，很是担心，两人均打算出资修建一座新桥。

这天，蒋喜林去蒋耀林家中，谈起了这件事。他说道："我想修一座新桥，这样乡亲们就不用总是担心木桥被冲毁了。"没想到蒋耀林也有这样的想法，两人一拍即合，经过一段时间的谋划，就开始动工了。

但是修桥的过程中，总是遇到各种各样的问题。

　　"咱们这座桥,想要把它修好,就要花很长的时间。我们也没有这么多的时间和精力去做呀。"蒋喜林深深地叹了一口气,他觉得修桥可能并不像他们想象的那么简单。

　　蒋耀林也是皱着眉头沉默不语。是的,虽然修桥需要大量人力、物力和时间,但是汛期年年都有,如果不能早一天将桥建成,乡亲们就要多遭受一天木桥随时被冲毁的威胁。

　　如果只是为了追求速度,造出一座不坚固的桥,那么不但不能让百姓脱离担惊受怕的日子,还会背上骂名,浪费人力、钱财,到头来毫无作用。没有质量的桥,和木桥又有什么差别呢?

　　这时,蒋耀林眼前一亮,他想到了一个办法,兴奋地说:"为什么我们不能在两端分别建桥呢!"蒋喜林诧异地看着他。

蒋耀林解释说："我们可以从两边同时开始，你负责南边，我负责北边。这样一来，我们可以省下一半的时间，两边都有人监督着，也不怕桥会出现问题。"蒋喜林这才明白过来。仔细思考一番，他发现蒋耀林的方法真是棒，不费吹灰之力就解决了困扰他们的难题，还能节省时间。

他们两个开始到处寻找能工巧匠，终于寻到了。他们分别雇请了东阳县八面山和嵊县施夹岙两地技艺高超的石匠师傅们修建这座桥。师傅们都有着极高的技艺，他们全力建造着这座桥。蒋耀林和蒋喜林在一旁监督，也让有杂心的人不能偷懒。

桥从民国五年（1916）的农历正月开始建造，在民国六年（1917）的农历十二月竣工。令人惊叹的是，桥在建造的过程中没用过任何的黏合材料。两边的同时开工，同时竣工，桥合龙后浑然一体，

仿佛一开始就是在同一边建造的。

继善桥的故事，在当时便成为一段佳话，百余年后的今天也是令人称道的一段故事。蒋耀林和蒋喜林的热心修建，能工巧匠们的精湛技艺，无不让人赞叹。如今的继善桥，作为嵊州市文物保护点，依然向我们诉说着它的传奇。

报恩金兰桥

一条宽阔的上东江大溪流上，横跨着一座五孔半圆形石拱桥，这就是嵊州市金庭镇金兰村蔡家自然村旁的金兰桥，当地人也叫它蔡家桥。

　　说到金兰桥，就不得不提辛亥革命志士张伯岐和蔡家村的故事了。

　　张伯岐因为在皖浙发动起义，遭到清政府的缉捕，被解救后寄居在蔡家村蔡旭的家中。

　　蔡旭和蔡家村的村民都对张伯岐十分友好，不仅不把他当作累赘，反而热心地招待他。辛亥革命之后，张伯岐想报答这些淳朴的人，该怎么办呢？这个时候，想到了村边上的桥。

　　原来，这里有一座桥。此桥叫作万缘桥，始建于清嘉庆二年（1797），后来被洪水冲毁了，一直未重新建造。因此，村民们过河十分不便，总是要绕远路才能到河对面去。他想，村里的人对他这么好，他也应该做一些便民利民的事情来回报他们。

　　一天在吃饭的时候，张伯岐和蔡旭商量了这件事："我打算修建村边的万缘桥，好让乡亲们行走的时候都能够方便些。"张伯岐说道。

蔡旭自然是万分赞成。修桥是一件大好事，可是现在的官府自顾不暇，又怎么会管他们这样的小村庄呢？就算是官府知道了，又哪里来的钱替他们修桥呢？如今，张伯岐要为村里的人们修桥，那可真是太好了。

于是，张伯岐就在万缘桥的原址上，修了新桥。他不但自己出资，还动员当地的村民捐款。

他向村民们解释："这座桥是大家的，我们每个人都出一些钱，把桥造得更好，自己走上去心里也踏实。"大家都觉得有道理，纷纷拿出钱来一起修桥。

其中有一个寡妇，叫作金兰。她的丈夫在几年前就去世了，只留下她和一个孩子。村里的人并没有因此看不起她，张伯岐住在蔡家村的时候，总是

帮她干农活，金兰也经常让孩子带一些东西送给张伯岐。

现在张伯岐募捐修桥，她又怎么能够假装看不见呢？她带上了家中攒了好多年的存款，来到了蔡旭家里。

张伯岐看到这些钱，知道这些都是金兰这几年省吃俭用攒下的。他推托道："大嫂，你拿来这么多钱，你还要带孩子，还是自己留着吧。"可金兰这回不听他的，她将钱放到桌子上，说："乡亲们平时都这么照顾我，我也应该报答他们。"

一连推托了好几次，张伯岐才在金兰的坚持下收下了这些钱。他将金兰、其他村民，还有自己的钱汇在一起，修了一座新的桥。过了几年，桥建成了，桥的两端还坐着一对石狮子。

桥建成那天，村民们都过去观看。突然有人

说："这是我们自己修的新桥，要不换个名字吧？"人们都表示赞同。他们一致认为，金兰出的钱最多，这座桥应该叫作"金兰桥"。

金兰桥的名字就这么定了下来。它不仅代表金兰的名字，还暗含着"义结金兰"的典故。这座桥伫立在这里，过了许多年，依旧在向我们默默讲述张伯岐和金兰，还有蔡家村乡亲们的故事。

唐王九狮桥

传说，唐太宗李世民曾身患重病，宫中太医个个没辙，还好有一位颇得恩宠的娘娘给了个以狮肉做药引的法子，这才救了皇帝一命。但这狮子可不是随便杀的，

那可是金狮圣兽，金狮在地府向阎王爷告状，差点儿没让阎王爷把唐太宗的魂给留着，这唐太宗没法子，只好听从阎王爷的，回人间降旨百官，每人府前给金狮雕了两个雕像，这才让金狮满意。金狮也因此得以重回人间，保天下太平。而这九狮桥，也正是那时所造。

话说这九狮桥本名非此，而是叫等慈桥，因在等慈寺的边上而得名。都说"近朱者赤，近墨者黑"，这桥在寺庙边上"住"久了，也带着点佛性，这人走一走桥，精气神就好了起来，故此，来等慈寺的香客也越来越多。

这一天，一位学子耐不住读书的苦闷，跑出来喝酒，这一喝就喝到了半夜。他迷迷糊糊地往家走去，谁知突然尿急，正好此时路过等慈桥，便站在桥边方便了起来。待他方便完，四下打量，突然发

现那等慈寺竟发出道道宝光。要是寻常时候,半夜看到这等异象,他肯定被吓得半死,但今天他喝了酒,酒壮人胆,他便走到桥上踉跄着往等慈寺走去。

说来奇怪,他刚踏上桥,这庙的宝光便消失得无影无踪了,这学子自是不服,心想:定是那住持把宝贝藏了起来不给我看,我要去讨个说法。于是他又踉踉跄跄地跑向寺庙,跑到庙门前便挥手准备拍门。哪知他的手刚抬起来,这大门就自动开了,顺带着吹出来一股阴风。这风一吹就把学子的脑袋给吹清醒了,大晚上的没拍门,门却自动开了,这可不正常啊,想到这儿,他脑袋又清醒了几分,拔腿便往回跑。

刚转身,学子便愣住了,只见九只全身雪白的狮子围立在空中,在月光的照耀下,它们的皮毛如羊脂白玉,尖牙利爪寒光闪烁。在它们中间有一团黑雾，黑雾中不时传出一声声惨叫。学子呆立在原地，手足无措，只能看着九只白狮围杀那团黑雾。不一会儿，黑雾便被九只白狮分食，而打败了对手的白狮们晃晃尾巴，转头看向了呆若木鸡的学子。学子大骇，抱头蹲下，心想：完了完了，这下要来吃我了，我就不该喝酒，就该待在家中好好念书的，唉，喝酒误事，喝酒误事啊……蹲了一会儿，学子发现自己还好好的，又心想：莫不是白狮吃饱了对我没兴趣了？便壮着胆子缓缓抬起头来，这不抬头不要紧，一抬头要人命，十八只铜铃大的眼睛好奇地盯着他，这下学子彻底晕过去了，后来发生了啥也不知道……

第二天，扫地的小沙弥推开门时发现了学子，他身上盖着一件银袍，银袍在阳光下熠熠生辉。待小沙弥叫醒他，问他为什么会睡在寺庙门口时，他便把昨晚发生的一切都讲了出来。小沙弥笑得合不拢嘴，说道："我看你是酒喝多了，做梦了吧？我在这寺里长大都没见过白狮，你上哪儿去看白狮啊？还有九只？疯了吧，你？"这学子也在想是不是自己昨晚喝多了做了个春秋大梦，但当他摸到身上披着的银袍时，又觉得一切不是梦。总之，事情到这儿算告一段落，学子也因为这件事而用功读书，不再花天酒地，最终考取了秀才。

然而，人生总有大起大落。这秀才告诉小沙弥的故事被小沙弥当作笑话讲给师兄弟们听，随后又传到了香客们的耳中，香客们觉得这故事有意思，又讲给其他人听，就这样一传十，十传百，被当时正在视察民情的唐太宗听到了。这下可不得了了，要知道，这等慈寺是为了纪念武牢（今河南荥阳汜水关）之战中死去的将士们而建的，容得你在这胡编乱造讲故事吗？就在大臣们心想那个秀才怕是要遭殃的时候，身披蓑衣的太宗却哈哈大笑起来，说道："白狮圣兽，好一个白狮圣兽，我大病时有金狮救命，邪魅作祟时有白狮镇压，这是国运昌隆的体现啊。来人，把那秀才传进京来，对了，让他把那银袍也带着，朕要亲眼看看。"就这样，秀才被宣召进京，将故事原原本本地给唐王讲了一遍，随后双手献上了银袍。太宗皇帝龙颜大悦，秀才因此得以出仕，可谓一步登天。

再后来，秀才的故事传开了，人们便称等慈桥为九狮桥了，当然还有人叫它登仕桥。每逢有人要参加科举考试，必定要在桥上走走，沾沾那秀才的仕气，而等慈寺也因"白狮圣兽"出了名，来往的香客越发多了。

孟尝孟闸桥

　　东汉时，绍兴上虞出了一位奇人，名
曰孟尝。孟尝家满门忠烈，父亲与祖父都
在祸乱中守节而死，而这种品质也同样在
孟尝的身上体现了出来。

话说这孟尝，年纪轻轻便极有能力，同时品行又佳，再加上是名门之后，很快便得到了当地太守的赏识，被举荐为孝廉，成了徐县县令。后又因能力出众，升为合浦太守。

这合浦可不是一般的地方。它不产粮食，但合浦产海中奇珍异宝，因此颇受皇帝关注。于是这合浦太守的俸禄也是年年见长。可是，人心不足蛇吞象，这合浦太守渐渐不再满足于只拿每月的俸禄，他也想吃山珍海味，住高墙大院。于是，每次皇帝要求上贡珍珠时，他都要剥削民众。百姓是苦不堪言，但不知实情，便暗地里都骂皇帝，而皇帝也不知情，于是这太守的贪欲越来越大。

最终，在一个风雨交加的晚上，村民们看到一只有磨盘那么大的蚌王带着合浦大蚌们乘风而去。而从那天起，这水里再也捞不到一只大蚌，而其他的海中奇珍也渐渐少了起来。这可急坏了合浦百姓，马上要开中秋赏月大会，届时皇帝必定要再开百珠宴，但没有大蚌，便没有珍珠，这可如何是好啊？

恰逢此时孟尝新官上任，听闻此事便心生好奇。万物有灵，这大蚌为何会离去呢？其中必有蹊跷。但此事需要慢慢来，当务之急是解决民众的生计问题和中秋赏月大会的事宜。

因此，孟尝大力推行改革，兴利除弊，没法挖珍珠，便将以前作为副业的渔业当作主业，同时借助水利运输，大大减少了合浦的货物运输时间，百姓的生计问题得到了很好的解决。可是，这中秋赏月大会和百珠宴该怎么办呢？

屋漏偏逢连夜雨，正当孟尝为此事发愁之际，一封诏书从宫中传来。原来，皇帝听说孟尝将合浦治理得井井有条，便想着今年必有大量珍珠出产，恰逢太后大寿，便决定以千珠宴替代百珠宴。孟尝心中无奈，但皇帝的命令又无法拒绝，这该如何是好？他坐在书桌前，闭目静思，不知不觉竟进入了梦乡。书房中静悄悄，唯有一缕灯火摇曳着……

这孟尝进入梦乡后，来到了一座通体碧蓝的宫殿。殿中银椅上，坐着一位威武的男子，椅旁放着两把由蚌壳组成的锤子。孟尝心中一惊：自己怕不是来到了仙家洞府？正这么想着，男子开口，告诉了孟尝他的身份。原来，这男子便是当时带大蚌们离去的蚌王。他本是龙王手下大将，解甲归田后回到家乡，看到自己的子孙后代被贪官下令肆意捕杀，一怒之下便举族迁徙。但孟尝近来的种种作为让他深受感动，认为孟尝一定能成为一个清官，于是决定重新将族群迁回合浦。但他有一个条件，就是要将贪官绳之以法，并且每年都要向合浦水族投

放贡品。此等良机孟尝当然不会放过，当即答应下来……

一阵天旋地转，孟尝从梦中醒来，他没有多想，立马将此事上报朝廷，随后贪官被除，从其家中搜出无数金银财宝和百余枚珍珠。随后，孟尝又组织百姓往水中投三牲以及各种果物，不一会，天空中电闪雷鸣，数不尽的大蚌从天际而来，落入合浦水中，浪花翻腾，密密麻麻的珍珠在水中沉浮，被浪花送上岸来，百姓一一清点，发现不多不少，正好一千颗……

此后，孟尝便在合浦安心任职多年，直到回乡休养，合浦百姓不愿其离去。更有甚者，搬到孟尝家旁与其为邻。为了方便大家时常拜访孟尝，村民们便出钱修了一座石桥，命名为"孟闸桥"，以此来表达对孟尝的尊敬。

王者炼剑桥

炼剑桥位于上虞东关街道联星村朱家溇自然村，为市级文物保护单位。《越绝书》曰："练塘者，勾践时采锡山为炭，称'炭聚'，载从炭渎至练塘，各因事名

之。"炼剑桥，因越王在此桥得了大造化而得越王赐名"炼剑"。

"砰—砰—"铁锤与砧铁碰撞的声音不断传入耳中，目之所及，是一片热火朝天的景象。勾践的拳头不自觉地握紧了，七年了，终于，他能一雪前耻，复兴越国了。为奴两年，并未让他变得低声下气，反而让他变得隐忍而坚强。卧薪尝胆，更是让他从未忘记耻辱，如今，只要这批铁剑打成，越国的复兴大计便成功了一半。想到这里，勾践的手便渐渐松开，在桥上转过身，目光转移到远处的青山绿水上……

是夜，勾践于草屋中独坐，品味着苦涩的苦胆，他的身前放着一把宝剑——越王剑。虽说此剑是铸剑大师们合力所铸，又有名家为其雕刻剑身，但总觉得差了一点什么。想到这儿，勾践心中略感烦躁，便起身整理衣衫，将宝剑佩于腰间，走出了房门。

夜色平静，月光皎洁，勾践一人漫步在街上，细细地感受着大战前的平静，还时不时对巡逻的士兵致意。不知不觉中，勾践已经走到了桥上。站在桥上，明月仿佛近在眼前，勾践不禁抬头仰望那皎洁的明月。倏地，月中好似有一道仙影向着勾践飞来。不一会儿，一位白发老人便在勾践面前站定，他也不说话，而是伸手将越王剑从勾践腰上取走。随后，用剑划开自己的手指，将鲜血涂抹在剑身上。剑身沾上老人的血后开始嗞嗞作响，就如在火炉中一般，似在重铸。"我观你越国气运强盛，举国一心，便助你一臂之力，为你重铸王剑。"老者的声音一落下，一把浑然天成的宝剑便出现在勾践面前。宝剑散发出的奇光与月光交相辉映，晃得人眼生疼，刺得勾践闭上了眼睛。等他再度睁眼时，老者已经

消失，唯有地上那把巧夺天工的越王剑……

第二日，越王立于桥上，以自己的鲜血祭旗，以求凯旋。越王剑沾上勾践的血后当即散发出了宝光，将士们见此异象，皆以为天佑越国，信心大增。于是在战场中，越国军队上下无不勇猛作战，痛击吴国军队。夫差立于阵前，见勾践所持宝剑带有奇光，大骇，竟摔下战车，大病三日，这大大打击了吴国军队的士气，使得吴国军队节节败退。自此，吴国日益衰弱，再难抵挡越国军队。

公元前 473 年，越国灭吴，越王勾践凯旋。

越王设宴，款待众位将士以及铁匠。越王勾践站立于炼剑桥上，举着青铜樽，对着四方将士致意："诸位，越国能有今日之荣光，与各位的辛劳分不开，若无诸位匠人打造的兵器和诸位将士的英勇战斗，越国便无法灭吴，无法复兴。在此，我敬诸位一杯，今夜，大家不醉不归！""谢大王！"众将士喊声震天，震得炼剑桥也似晃动了起来。越王摆手示意诸将士安静，又开口道："同时，我于此桥上得仙人重铸王剑，护佑大越，今日便赐其'炼剑'之名，再以美酒敬仙人！"说罢，越王将酒洒入河中，两岸诸将士也如此照做，清澈的河水渐渐泛黄，又逐渐归为清澈，似仙人饮酒一般……

从此，越国果然逐渐强大，跻身诸国豪强，同时炼剑桥吸引了无数豪杰，而炼塘村也成为天下能工巧匠心目中的圣地，声名大噪。千年，弹指一挥间，风流往事皆为云烟，唯有一座古桥伫立，诉说往事。

和睦祥麟桥

　　祥麟桥，横跨于上虞道墟镇长泾村北的小河"野猫弄"上。离桥不远，有一座寺庙，名亦为"祥麟"，二者交相辉映，虽未知是先有寺还是先有桥，但二者同

名，亦是一种缘分，被百姓们津津乐道。

祥麟桥于崇祯年间第一次重建，迄今已有四百余年的历史。桥拱上刻有"大明崇祯重建"六个大字。清代再次重建，东桥墩石碑上书"光绪癸未七月重修"等字，其上另刻捐助人及捐助物款"会稽中书陶五四十番，孙陆氏助十番，山阴至善堂胡兴一百番，许胡氏助十番。承修人陶氏镌石"。

一座桥由两县人民捐助重修，实属罕见，而这也留下了会稽和山阴两地百姓共同维护公共设施、友好往来的一段佳话。

原本的会稽县和山阴县关系并不算太好，虽然是邻居，但冲突亦时有发生。民间亦有俗语"山阴不管，会稽不收"。但是在祥麟桥这里，因为有着祥麟寺的存在，两方村民倒是和和睦睦的，时常互通有无，也经常有青年男女结为连理。

但一有利益分歧，这和睦的关系便会立即破裂。有一年下大雨，河水上涨，能来往的路皆被水流阻断，唯有祥麟桥还能通行。起初，两方村民都会相互谦让，但村子里做生意的商人可不会，这时间就是金钱，商人自然是想方设法地运货，这下冲突就起来了，这桥就这么宽，哪里容得下两辆货车？所以运货的伙计时常争斗，而堵在桥上的货车，也让后面的村民们无法通行，冲突就这样变大了。终于，在一个大雨倾盆的早上，一道惊雷落下，祥麟桥便落入了水中，同时落入水中的还有数车货物。

两岸百姓见此以为天公发怒，便躲在家中，不敢出门。一时间，两个来往甚密的村子竟断了联系。这也影响了桥边的祥麟寺，看着来往香客变少，僧人们的心情亦是十分低落。佛法讲究善缘，如今，这两村的善缘断了，他们不能坐视不管。

因此，祥麟寺住持出面，他拜访了一位位乡绅土豪，用尽全力说服他们出资修桥，而后又四处宣讲佛法，甚至独自游过"野猫弄"，劝说对岸村民。终于，皇天不负有心人。乡绅土豪们纷纷捐出了银两，而村民们也从山上搬下上好的石料，两岸的能工巧匠亦纷纷伸出援手，大家你一锤，我一斧，没日没夜地工作着，两岸的大姑娘小媳妇也每天送来吃食。两岸村民的和睦关系在汗水和聊天声中，重新回来了。

桥建成那天，阴雨散去，一条长虹横跨天际，几朵白云悠然飘动，远远看去，竟似一头麒麟。两岸村民的关系也再度修复，甚至更加亲密，而祥麟寺的香客，也越来越多……

如今，古时的会稽、山阴两县现已合并成新的城市——绍兴，她散发出独特的魅力，从越王勾践

到怪才徐渭，从阳明先生到周家树人。这座南方的城市，从未失去过她的光华，而是随着时代的发展，越发动人。而过去的记忆，也未被遗忘，而是被一座座古桥铭记。